自动控制原理及应用研究

孙秀婷　著

哈爾濱工業大學出版社

内容简介

本书旨在系统地阐述自动控制原理的基本理论、分析方法及应用实践。全书内容涵盖了自动控制系统的基本概念、数学模型、分析方法、设计策略以及应用实例等方面。本书注重理论与实践的结合，通过大量的应用实例来阐释自动控制原理的抽象概念和方法。同时，也引入了先进的计算机辅助设计工具，如 MATLAB 等，以帮助读者更好地理解和掌握自动控制系统的分析和设计方法。

本书适合相关专业的读者阅读。

图书在版编目(CIP)数据

自动控制原理及应用研究/孙秀婷著. —哈尔滨：哈尔滨工业大学出版社，2025. 4. —ISBN 978-7-5767-2040-2

Ⅰ. TP13

中国国家版本馆 CIP 数据核字第 2025YH6523 号

策划编辑　杨秀华
责任编辑　杨秀华
出版发行　哈尔滨工业大学出版社
社　　址　哈尔滨市南岗区复华四道街 10 号　邮编 150006
传　　真　0451-86414749
网　　址　http://hitpress.hit.edu.cn
印　　刷　哈尔滨市颉升高印刷有限公司
开　　本　787 mm×1 092 mm　1/16　印张 10.5　字数 199 千字
版　　次　2025 年 4 月第 1 版　2025 年 4 月第 1 次印刷
书　　号　ISBN 978-7-5767-2040-2
定　　价　68.00 元

前　言

随着社会经济的迅速发展和科技的不断进步，自动控制技术在各个领域中的应用日益广泛，其重要性也日益凸显。作为现代控制工程的基础理论，自动控制原理不仅关乎系统的稳定性和效率，更是推动工业自动化、智能化发展的关键力量。因此，对自动控制原理及其应用进行深入的研究，具有极其重要的理论价值和现实意义。自动控制原理主要研究如何通过对被控对象的输入信号进行调节，使其输出信号达到期望值或稳定在某个指定范围内。这一过程中，涉及对被控对象、控制器以及反馈回路的建模、分析与设计，旨在实现对复杂系统的自动控制。从最初的反馈理论到现代的智能控制理论，自动控制原理经历了漫长而丰富的发展过程，不断适应着科技进步和工业生产的需要。自动控制原理在工业生产、航空航天、能源、环境保护以及医疗等领域都有着广泛的应用。

本书旨在系统地阐述自动控制原理的基本理论、分析方法以及应用实践。全书内容涵盖了自动控制系统的基本概念、数学模型、分析方法、设计策略以及应用实例等多个方面，旨在为读者提供一个全面而深入的学习平台。本书注重理论与实践的结合，通过大量的应用实例来阐释自动控制原理的抽象概念和方法。同时，也引入了先进的计算机辅助设计工具，如 MATLAB 等，以帮助读者更好地理解和掌握自动控制系统的分析和设计方法。希望本书能够为读者在自动控制原理的学习和应用过程中提供有益的参考和帮助。

作者在撰写本书的过程中虽然耗费了大量精力，但由于水平有限，书中难免出现疏漏和不足之处，恳请广大读者批评指正，以期修订更新。

作　者

2025 年 2 月

目　录

第一章　自动控制系统的基本概念

第一节　自动控制的基本方式与组成

一、自动控制的基本方式

自动控制，是在无须人工直接干预的条件下，借助专门的控制装置，使得某些设备、工作机械或生产过程中的特定物理量或工作状态能够依照预先设定的规律或数值，自动地运行或调整变化。通常而言，我们把这个起到控制作用的装置称为控制器；而那些被控制的设备或工作机械，称为被控对象。在被控对象内部，那个需要实现自动控制的物理量，称为被控量，或者系统的输出量。控制器与被控对象所组成的整体，就构成了一个自动控制系统。在这个控制系统中，那些能够影响系统输出量的外部输入信号，被统称为系统的输入量。系统的输入量通常包括两大类：一类是给定输入量，另一类是扰动输入量。给定输入，也被称作参考输入，它决定了系统输出量的变化规律或者期望达到的值。而扰动输入，则是系统并不希望存在，但实际上又无法避免的外部作用因素，比如，电源电压的波动、环境温度的起伏、压力的变化，以及电动机所拖动负载的变动，等等，这些都是在实际系统中难以避免的扰动作用。

（一）闭环控制

闭环控制原理的核心在于，系统将输出量进行实时检测，并通过物理量的转换处理，将其反馈至系统的输入端，与预先设定的给定量进行细致的比较，从而形成偏差信号。这一偏差信号，经过适当的放大处理后，被传递至执行元件，驱动受控对象按照预定的规律进行调整变化，以力求消除这一偏差。无论被控量是因干扰影响、内部特性参数的变化，还是给定值本身的变动而偏离了给定值，系统都能迅速而准确地自动纠正，确保控制目标的准确实现。这种基于偏差进行调节的控制方式，被广泛地称为按偏差调节。

显然，闭环控制系统从理论上为实现高精度、高稳定性的控制提供了坚实的可能性。

在这个过程中，将实际输出量回送到输入端，并与输入量进行精确比较以产生偏差的步骤，称为反馈环节。当输入量与被控量相减时，形成的是负反馈；若相加，则构成正反馈。在常规讨论中，如未特别指明，我们通常所指的是负反馈。

反馈控制，即利用负反馈原理，并依据偏差信号进行精确控制的过程，是自动控制系统中最为基础且核心的控制方式。由于其卓越的控制性能和广泛的适用性，反馈控制在工程实践中获得了极其广泛的应用和认可。

闭环控制有三大特点：信号按箭头方向传递是封闭的（闭环）、负反馈和按偏差控制。因此，闭环控制也称为反馈控制或按偏差控制（图 1－1）。

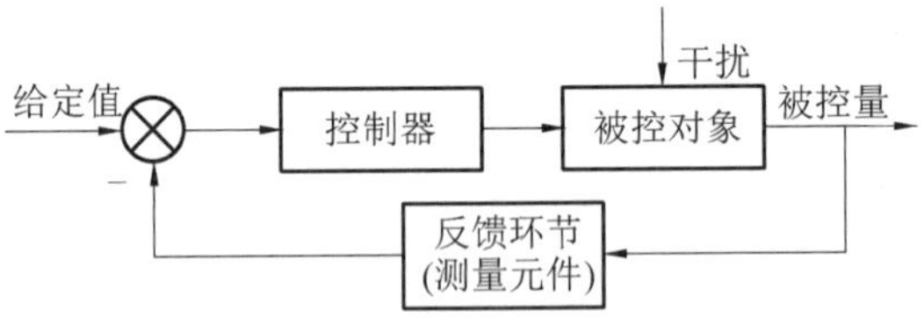

图 1－1　闭环控制原理框图

（二）开环控制

开环控制原理是指，需要控制的是受控对象的被控量，而控制装置只接收给定值，信号只由给定值单向传递到被控量，信号只有顺向作用，无反向联系，控制系统的输出量对系统没有控制作用，称为开环控制。其原理框图如图 1－2 所示。

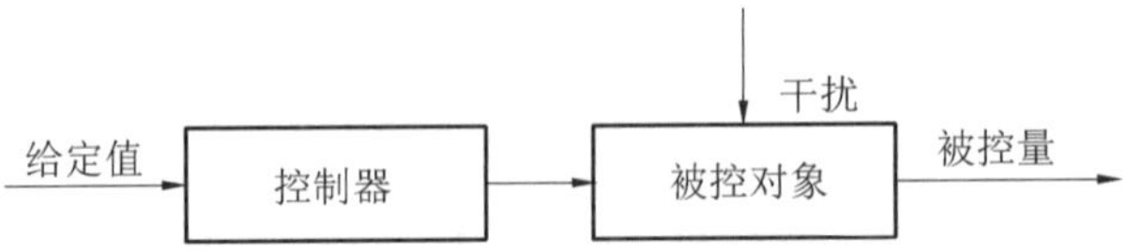

图 1－2　开环控制原理框图

二、复合控制

复合控制，作为一种将开环与闭环控制巧妙融合的控制方式，其实质是在闭环控制的基础上，巧妙地引入了一条由给定输入信号或扰动作用所构成的顺馈通路，这条通路本质上相当于开环控制的作用。复合控制拥有两种典型的结构形式，它们分别被命名为按输入信号补偿的复合控制结构和按扰动作用补偿的复合控制结构。

在按输入信号补偿的复合控制系统中，补偿装置巧妙地提供了一路顺馈控制信号。这路信号与原控制信号并肩作战，共同对被控对象实施精准控制，从而显著提升了系统跟踪输入信号的能力与精度。而在按扰动作用补偿的复合控制系统中，补偿装置则巧妙地利用干扰信号，产生出相应的控制作用，以有效补偿或抵消干扰信号对被控量的不良影响，进而大大增强了系统的抗干扰能力。

开环控制以其结构简单、成本低廉、调试便捷的特点，在性能要求不高的控制系统中得到了广泛应用。然而，其控制精度相对较差，抗干扰能力也略显不足。相比之下，闭环控制虽然结构较为复杂，成本相对较高，调试过程也更为烦琐，但它却具备自动修正系统输出量偏差的神奇能力，能够有效应对系统内部元件参数变化或外界扰动所引起的误差，因此其控制精度更高，也最为广泛地应用于工业的各个部门。当需要实现更为复杂且精度更高的控制任务时，复合控制结构或其他新型的控制策略便成为我们的首选。

三、闭环控制系统的基本组成

闭环控制系统依据被控对象的特性以及所采用的元部件的不同，呈现出多种多样的形式。然而，从职能的角度来看，它们通常由以下几个基本环节构成，共同协作以实现精准控制。

（一）被控对象

被控对象是整个控制系统的核心，指的是需要进行控制的设备或过程。它是控制作用的直接受体，也是系统输出量的产生源。

（二）测量装置

测量装置负责对系统的输出量进行精确测量。由于测量元件的精度直接关系到整个系统的控制精度，因此，在选择测量元件和设计测量线路时，应尽可能追求高精度和合理性，以确保测量结果的准确性。

（三）比较环节

比较环节将系统的输出量与输入量进行细致的比较，从而产生偏差信号。它起着信号的综合作用，是控制系统中的关键一环。在大多数控制系统中，比较环节往往与测量环节或其线路紧密结合，并不单独存在，共同完成对信号的处理和传输。

（四）给定环节

给定环节负责产生系统的给定输入信号。给定环节的精度对系统的控制精度有着至关重要的影响，因此，在构成给定环节时，应采用高精度元件，以确保给定信号的准确性和稳定性。

（五）放大环节

放大环节对偏差信号进行放大，并进行能量形式的转换，使其成为适合控制执行机构工作的信号。放大环节是控制系统中的信号处理器，它确保偏差信号能够被准确地传递和执行。

（六）执行机构

执行机构是对被控对象进行直接控制的装置或元件。它根据放大后的偏差信号，对被控对象进行相应的调整或操作，以实现系统的控制目标。

（七）校正装置

用于改善系统的性能，提高控制的稳定性和准确性。校正装置可以加在由偏差信号至输出信号之间的通道内，这种校正方式被称为串联校正；同时，校正装置也可以加在某一局部反馈通道内，这种校正方式则被称为反馈校正或并联校正。在某些情况下，为了进一步提高控制系统的性能，可以同时应用串联校正和并联校正两种方式。

第二节　自动控制系统的分类与基本要求

一、自动控制系统的分类

控制系统的分类方式多种多样，然而，在实际操作中，人们往往难以对自动控制系统进行确切的分类。主要归因于两个方面：一是同一系统在不同的分类标准下，可能会展现出截然不同的属性；二是随着控制技术的迅猛发展，各种新型系统层出不穷，使得分类变得更加复杂。

（一）按给定输入信号特征分类

1. 恒值系统

当给定输入为恒定值时，要求系统在任何扰动作用下，其输出量都能以一定的精度接近这个给定的希望值。这样的系统被称为恒值系统。在生产过程中，诸如温度、压力、流量、液位高度以及电机转速等自动控制系统，都属于恒值系统的范畴。它们的核心任务是保持这些物理量在设定的恒定值附近波动。

2. 随动系统

如果给定输入量是未知的时间函数，并且要求系统的输出量能够紧密跟随输入量的变化，那么，这样的系统就被称为随动系统。雷达天线跟踪系统、卫星跟踪系统以及火炮自动控制系统等，都是随动系统的典型代表。它们需要实时响应输入信号的变化，以确保系统的输出能够准确跟踪输入。

3. 程序控制系统

当给定输入量是按照已知的时间函数进行变化时，我们称这样的系统为程序控制系统。程序控制车床、热处理炉温度的升温、保温、降温过程等，都是按照预先设定的规律进行控制的。这些系统通过精确控制输入信号的变化，使得系统的输出能够按照预定的程序进行，从而达到预期的控制效果。它们都属于程序控制系统的范畴。

（二）按使用的数学模型分类

1. 线性系统和非线性系统

(1) 线性系统。

线性系统是指那些输入量与输出量之间的关系可以通过线性微分方程或线性差分方程来准确描述的系统。进一步地，如果这些方程的系数与时间无关，保持为恒定的常数，那么这样的系统被称为线性定常系统。相反，如果方程的系数值会随时间的变化而发生变化，那么该系统则被称为线性时变系统。

线性系统具备两个极为重要的特性：叠加性和齐次性。叠加性意味着，当系统同时受到多个输入量的作用时，其输出量将等于这些输入量单独作用时所产生的输出量之和。而齐次性，也称为均匀性，则表明当系统的输入量增大或大幅度缩小时，系统的输出量也会按照相同的倍数相应地增大或缩小。

(2) 非线性系统。

非线性系统是指系统输入量与输出量之间的关系可用非线性微分方程或非线性差分方程描述的系统。

应注意，在自动控制系统中，即使只含有一个非线性环节，这一系统也是属于非线性的；目前对于非线性系统的理论研究远不如线性系统那样完整和完善。严格来说，任何物理系统的特性，都是非线性的，但在一定的条件下若可以将某些非线性特性线性化，近似地用线性微分方程去描述，这样就可以按照线性系统来处理。

2. 连续系统和离散系统

(1) 连续系统。

当系统中所有元件的输入与输出均随时间 t 连续变化时，称此类系统为连续系统。

连续系统的动态行为可以通过微分方程来精确体现，系统内部传递的各类信号均为模拟信号。

(2) 离散系统。

离散系统是指系统中存在一处或多处信号，以脉冲序列或数字码的形式进行传输的系统。这类系统的运动规律可以通过差分方程来加以描述。计算机控制系统便是离散系统的一个典型范例，其中，信号的传递与处理均是以数字形式完成的。

二、对控制系统的基本要求

在分析和设计控制系统的过程中，需要一套评价系统的标准，这套标准通常通过一系列的性能指标来具体体现。不同的被控对象和控制任务，对性能的要求往往各有侧重。从总体上来看，任何控制系统都应当满足三个基本要求，即系统性能的“动态特性”“稳定性”和“稳态特性”，简而言之就是“快”“稳”“准”。

(一) 动态特性

对于一个稳定的控制系统，当受到阶跃输入信号的作用时，由于系统内部机械部件的质量和惯性，以及内部电路中电容、电感等储能元件的存在，系统的输出并不会立即达到稳定值，而是要经历一个过渡过程。这个过程，称之为系统的响应过程。响应过程通常以调节时间(或称为过渡过程时间) 为界限，分为动态过程(又称暂态过程) 和稳态过程(又称静态过程)。动态特性主要反映了系统在动态过程中跟踪输入信号或抑制干扰的能力。一个动态特性良好的系统，其动态过程应该平稳、调节时间短且振荡次数少。

(二) 稳定性

控制系统的稳定性有多种表述。常见的是：系统受输入作用后离开静止或平衡状态，作用消除后能返回原状态则称稳定，否则不稳定。线性定常系统在阶跃信号下，输出有确定值对应则稳定，输出值无限增大则不稳定。稳定性是系统工作的前提和基本要求，常需稳定裕量确保可靠性。

(三) 稳态特性

稳态误差描述系统输出状态，反映控制精度。稳态误差小，控制精度高，稳态特性好。但系统“稳”“快”“准”相互制约：提高快速性可能致振动，改善稳定性可能使控制迟缓、精度变差，提高稳态精度可能恶化动态特性。如何平衡这些矛盾是本学科的重点。

第三节　控制理论与应用研究的主要问题

由于控制理论所涵盖的研究对象极具多样性和复杂性，这直接导致了控制理论及其应用方法所涉及的问题呈现出同样丰富多变的特点。从自动化控制基础理论这一宽广而深入的领域来看，必须认识到，仅凭一本书籍的力量，是难以全面、细致地探讨并解决所有控制问题的。每个控制问题都蕴含着其独特的内在逻辑和外在表现，需要针对性的分析和探讨。因此，本书只能就控制理论中的主要方面和核心问题，进行较为基础的讨论和归纳总结，旨在为读者提供一个初步的认识框架和基本的思考路径。

一、控制理论研究的典型问题

对于各式各样的控制系统，人们常常关注并深入探讨以下几个问题：

(1) 稳定性分析与稳定设计。这一领域关乎系统能否在受到扰动后恢复至稳定状态，以及如何通过设计确保系统的稳定性。

(2) 最优控制与鲁棒控制也是研究的热点。最优控制追求在给定条件下达到最佳性能，而鲁棒控制则强调系统在面对不确定性时仍能保持稳定的性能。

(3) 自组织、自适应、事件触发控制同样引人注目。这些控制方法使系统能够根据环境变化或特定事件自动调整其行为，从而提高系统的灵活性和效率。

(4) 网络协同控制、数据建模和数据驱动控制也是当前研究的重点。随着网络技术的飞速发展，如何利用网络实现系统的协同控制，以及如何基于数据进行建模和控制，成为新的研究方向。

(5) 基于计算科学与智能算法的控制也备受关注。随着计算能力的不断提升和智能算法的涌现，如何将这些技术应用于控制系统中，以提高系统的性能和智能化水平，成为研究的新热点。

由于控制领域学术理论与工程实践的广泛而迅速地发展，要给上述问题以确切且全面的定义和准确的内涵说明是相当困难的。在实际工程中，控制问题往往需要从多个角度、多个层面来综合考虑，具体定义和内涵需结合具体问题情境来明确。

二、控制系统的基本特性

由于控制系统的种类繁多，其数学模型千差万别，因此，在控制理论及其应用的研究中，需要根据具体的研究目的，设定不同形式的问题进行探讨。这些问题的形式和结论可能会因系统类型的不同而有所差异，但追溯到系统模型的本质，都必须围绕以下三个核心特性展开：稳定性、瞬态特性（或动态特性）、稳态特性。

这三个基本特性相互关联，又各有侧重，共同构成了被控对象的基本特征。在控制理论的研究中，典型的问题往往是这三个基本特性的相互结合、变形和深化的结果。它们不仅体现了系统在不同时间尺度上的行为表现，也反映了系统对外部输入和内部扰动的响应能力。这里所给出的仅是对这三个基本特性的一般化定义，而在具体的研究和应用中，需要根据系统的实际情况，对它们进行更深入的探讨和分析。

稳态误差是指系统在参考输入作用下，$t \to \infty$ 时的输出响应（$t \to \infty$ 时的输出）与参考输入之间的差，即

$$e_{ss} = \lim_{t \to \infty} e(t) = \lim_{t \to \infty} \{r(t) - y(t)\} \tag{1-1}$$

式中，$r(t)$ 为参考输入；$y(t)$ 为输出响应。

稳态特性指标是指对稳态误差的定量评价。

瞬态特性是指在参考输入作用下，在 $t \in [0, T]$，$T < \infty$ 的时间区间内，系统输出响应的波形特性。瞬态特性也可理解为系统过渡过程的动态特性。为了定量描述瞬态特性，需引入瞬态特性指标。

稳定性是指系统在整个 $t \in [0, +\infty)$ 时间区间上，不发生破坏性或不可恢复性的状态改变的性质，它是系统存在的条件。该定义只是对稳定性的形象说明。

控制系统工程对这三个基本特性的一般要求是：

① 系统应稳定并具有一定的稳定裕量，即“稳”。

② 系统响应过程符合要求的瞬态特性，以保证迅速达到正常工作状态，即“快”。

③ 系统响应过程具有要求的稳态特性，以保证准确达到期望工作状态，即“准”。

三、控制系统的参考信号

控制系统分析中需要用到参考信号的概念。虽然实际工程中的信号多种多样，但在理论分析和数值仿真中，为使结果有可比性，常用典型信号作为参考信号，举例如下。

（一）阶跃函数

$$u(t) = \begin{cases} 0, & t < 0 \\ E, & t \geq 0 \end{cases} \tag{1-2}$$

式中，$E \in \mathbf{R}$，当 $E=1$ 时，$u(t)$ 称为单位阶跃函数，记为 $1(t)$。显然

$$u(t)=E \cdot 1(t) \tag{1-3}$$

(二) 斜坡函数

$$u(t)=\begin{cases}0, & t<0 \\ Kt, & t \geqslant 0\end{cases} \tag{1-4}$$

式中，$K \in \mathbf{R}$ 称为速率系数。

显然

$$\tan \alpha=K \tag{1-5}$$

(三) 抛物线函数

$$u(t)=\begin{cases}0, & t<0 \\ Kt^2/2, & t \geqslant 0\end{cases} \tag{1-6}$$

式中，K 是抛物线的系数，决定了抛物线的形状、位置和方向。

(四) 脉冲函数(又称 Dirac 函数，即 δ－函数)

$$\delta(t)=\begin{cases}1, & t=0 \\ 0, & \text{其他}\end{cases} \tag{1-7}$$

δ－函数是广义函数，具有对系统输入输出响应分析起到重要作用的数学性质，为了形象地理解这些性质，定义如下的 δ_ε－函数

$$\delta_\varepsilon(t)=\begin{cases}0, & t<0 \\ 1/\varepsilon, & 0 \leqslant t \leqslant \varepsilon \\ 0, & t>\varepsilon\end{cases} \tag{1-8}$$

于是，当 $\varepsilon \rightarrow 0$ 时在极限意义下，定义

$$\delta(t)=\lim_{\varepsilon \rightarrow 0} \delta_\varepsilon(t) \tag{1-9}$$

也就是说，δ－函数没有通常意义下的自变量与函数值的映射关系，需在极限意义下理解。

由式(1－8)和式(1－9)，对任何 $\varepsilon>0$，有

$$\int_{-\infty}^{+\infty} \delta_\varepsilon(\tau) \mathrm{d}\tau=\int_0^\varepsilon(1/\varepsilon) \mathrm{d}\tau=1 \tag{1-10}$$

所以

$$\int_{-\infty}^{+\infty} \delta(\tau) \mathrm{d}\tau=1 \tag{1-11}$$

注意到,当 $f(t)$ 为连续函数时,有

$$\begin{aligned}\int_{-\infty}^{+\infty} f(\tau)\delta(\tau)\mathrm{d}\tau &= \int_{-\infty}^{+\infty} f(\tau)\left[\lim_{\varepsilon\to 0}\delta_{\varepsilon}(\tau)\right]\mathrm{d}\tau = \lim_{\varepsilon\to 0}\int_{-\infty}^{+\infty} f(\tau)\delta_{\varepsilon}(\tau)\mathrm{d}\tau \\ &= \lim_{\varepsilon\to 0}\int_{0}^{\varepsilon} f(\tau)(1/\varepsilon)\mathrm{d}\tau = \lim_{\varepsilon\to 0}(1/\varepsilon)\int_{0}^{\varepsilon} f(\tau)\mathrm{d}\tau\end{aligned} \tag{1-12}$$

由于 $f(t)$ 的连续性,由积分中值定理,$\int_{0}^{\varepsilon} f(\tau)\mathrm{d}\tau = \varepsilon f(\theta\varepsilon)$,$\theta$ 是满足 $0<\theta<1$ 的某常数,于是

$$\int_{-\infty}^{+\infty} f(\tau)\delta(\tau)\mathrm{d}\tau = \lim_{\varepsilon\to 0}\varepsilon\cdot\frac{1}{\varepsilon}f(\theta\varepsilon) = \lim_{\varepsilon\to 0} f(\theta\varepsilon) = f(0) \tag{1-13}$$

或者写成

$$\int_{-\infty}^{+\infty} f(\tau)\delta(\tau - t_0)\mathrm{d}\tau = f(t_0) \tag{1-14}$$

(五) 正弦函数

$$u(t) = \begin{cases} 0, & t<0 \\ E\sin\omega t, & t\geqslant 0 \end{cases} \tag{1-15}$$

式中,$E\in\mathbf{R}_{+}$ 称为正弦函数的幅值,而 $\omega\in\mathbf{R}_{+}$ 称为角频率。

四、控制理论与应用研究的交叉学科

自动控制理论与应用研究在各方向上的发展步伐并不一致,某些理论体系已经相当完备,其应用技术也早已成熟并得到了广泛应用,而其他一些方向则仍处于探索和发展阶段。实际上,由于各方向的发展速度都极为迅速,且相互之间存在交叉融合,因此要想全面概述并清晰区分它们是非常困难的,这里仅作一般性的阐述。

具体而言,自动控制理论与应用研究的主要方向包括:

(1) 线性系统理论与非线性控制系统。这一方向是控制理论的基础,也是应用最为广泛的领域之一。

(2) 最优控制与鲁棒设计。这一方向追求系统性能的最优化,同时考虑系统对不确定性的鲁棒性。

(3) 系统模型辨识与过程参数估计。这一方向关注如何从实验数据中提取系统模型,以及如何准确估计过程参数。

(4) 自适应、自组织、自学习系统理论。这一方向研究系统如何根据环境变化自动调整其行为,以提高系统的灵活性和智能性。

(5) 网络系统、分布参数系统、随机系统的控制理论。这一方向探讨如何在复杂网络环境中实现有效控制，以及如何处理分布参数和随机性对系统性能的影响。

(6) 计算机、离散控制系统理论。这一方向关注离散时间系统的控制问题，以及如何利用计算机技术实现有效控制。

(7) 模糊控制、智能控制与机器人系统。这一方向将模糊逻辑、人工智能等先进技术应用于控制系统中，以提高系统的智能化水平。

一般来讲，控制理论与应用研究具有以下特点：控制理论既具有基础性又具有综合性，它贯穿于自然科学和工程技术体系之中，与其他学科的边界相对模糊；控制理论中涉及大量的数学分析，属于应用数学的范畴，在学习与研究方法上注重定义的准确性、逻辑的严谨性以及结论的具体形象性；控制理论的本质是解决工程问题的方法论和技术指南。

当前该学科正处于新的快速和深化发展时期，特别是随着各种网络化控制对象的出现以及基于人工智能算法技术的广泛应用，新概念、新理论、新问题层出不穷。理论体系在不断创新扩展的同时，其所渗透的工程领域也越来越广泛，程度也越来越深入。另一方面，由于控制理论与数学本质的密切关系，尽管其学术研究仍然热火朝天，但部分研究课题和方向与工程实践存在一定的脱节现象。有些理论已经相当成熟与完善却难以应用于实际工程中，同时某些应用问题尚未得到系统的探讨和解答。这些都是研究人员正在积极努力改变的现状。

第二章　控制系统的数学模型

第一节　系统动态微分方程模型

常用的列写系统或环节的动态微分方程式的方法有两种：一种是机理分析法，即根据各环节所遵循的物理规律（如力学、电磁学、运动学、热学等）来列写；另一种方法是实验辨识法，即根据实验数据进行整理列写。在实际工作中，这两种方法是相辅相成的，由于机理分析法是基本的常用方法，本节着重讨论这种方法。

下面通过简单示例介绍机理分析法的一般步骤。

一、RLC 网络的微分方程

列写如图 2－1 所示 RLC 网络的微分方程。

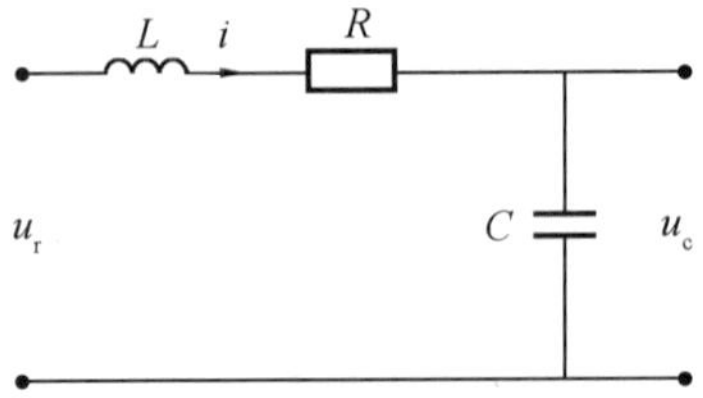

图 2－1　RLC 网络

(一) 明确输入、输出变量

网络的输入量为电压 $u_r(t)$，输出量为电压 $u_c(t)$。

(二) 列出原始微分方程式

根据电路理论得

$$u_r(t) = L\frac{di(t)}{dt} + \frac{1}{C}\int i(t)dt + Ri(t) \tag{2-1}$$

而

$$u_c(t) = \frac{1}{C}\int i(t)dt \tag{2-2}$$

式中，$i(t)$ 为网络电流，是除输入、输出量之外的中间变量。

（三）消去中间变量

将式(2－2)两边求导，得

$$\frac{\mathrm{d}u_c(t)}{\mathrm{d}t}=\frac{1}{C}i(t) \text{ 或 } i(t)=C\frac{\mathrm{d}u_c(t)}{\mathrm{d}t} \tag{2-3}$$

代入式(2－1)整理为

$$LC\frac{\mathrm{d}^2u_c(t)}{\mathrm{d}t^2}+RC\frac{\mathrm{d}u_c(t)}{\mathrm{d}t}+u_c(t)=u_r(t) \tag{2-4}$$

显然，这是一个二阶线性微分方程，也就是如图 2－1 所示 RLC 无源网络的数学模型。

二、电枢控制直流电动机的微分方程

试列写如图 2－2 所示电枢控制直流电动机的微分方程，要求取电枢电压 $u_a(t)$(V) 为输入量，电动机转速 $\omega_m(t)$(rad/s) 为输出量。图中 $R_a(\Omega)$、L_a(H) 分别是电枢电路的电阻和电感，M_c(N・m) 是折合到电动机轴上的总负载转矩。激磁磁通为常值。

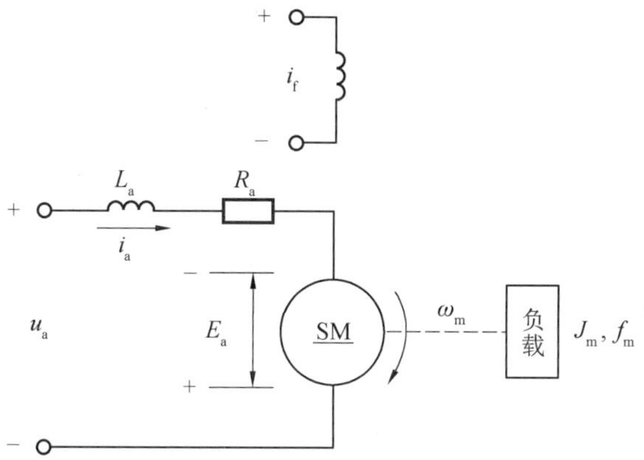

图 2－2　电枢控制直流电动机原理图

电枢控制直流电动机是控制系统中频繁采用的执行机构或控制对象，其本质功能是将输入的电能转化为机械能。具体来说，输入的电枢电压 $u_a(t)$ 在电枢回路中诱导产生电枢电流 $i_a(t)$，电流 $i_a(t)$ 与激磁磁通相互作用，进而生成电磁转矩 $M_m(t)$，驱动负载进行运动。因此，直流电动机的运动特性可由以下三个主要部分来构成。

（一）电枢回路电压平衡方程

$$u_a(t)=L_a\frac{\mathrm{d}i_a(t)}{\mathrm{d}t}+R_ai_a(t)+E_a \tag{2-5}$$

式中，E_a 是电枢反电势，它是当电枢旋转时产生的反电势，其大小与激磁磁通及转速成正比，方向与电枢电压 $u_a(t)$ 相反。

（二）电磁转矩方程

$$M_m(t) = C_m i_a(t) \tag{2-6}$$

式中，C_m 是电动机转矩系数，N·m/A；$M_m(t)$ 是电枢电流产生的电磁转矩，N·m。

（三）电动机轴上的转矩平衡方程

$$J_m \frac{d\omega_m(t)}{dt} + f_m \omega_m(t) = M_m(t) - M_c(t) \tag{2-7}$$

式中，f_m 是电动机和负载折合到电动机轴上的黏性摩擦系数；J_m 是电动机和负载折合到电动机轴上的转动惯量。

由式(2－5)、式(2－6)和式(2－7)中消去中间变量 $i_a(t)$、E_a 及 $M_m(t)$ 便可得到以 $\omega_m(t)$ 为输出量，以 $u_a(t)$ 为输入量的直流电动机微分方程为

$$\begin{aligned} & L_a J_m \frac{d^2\omega_m(t)}{dt^2} + (L_a f_m + R_a J_m)\frac{d\omega_m(t)}{dt} + (R_a f_m + C_m C_e)\omega_m(t) \\ & = C_m u_a(t) - L_a \frac{dM_c(t)}{dt} - R_a M_c(t) \end{aligned} \tag{2-8}$$

在工程应用中，由于电枢电路电感 L_a 较小，通常忽略不计，因而式(2－8)可简化为

$$T_m \frac{d\omega_m(t)}{dt} + \omega_m(t) = K_1 u_a(t) - K_2 M_c(t) \tag{2-9}$$

式中，$T_m = R_a J_m/(R_a f_m + C_m C_e)$ 是电动机机电时间常数（单位为 s）；$K_1 = C_m/(R_a f_m + C_m C_e)$，$K_2 = R_a/(R_a f_m + C_m C_e)$ 是电动机传递系数。

如果电枢电阻 R_a 和电动机的转动惯量 J_m 都很小且忽略不计时，式(2－9)还可进一步简化为

$$C_e \omega_m(t) = u_a(t) \tag{2-10}$$

这时，电动机的转速 $\omega_m(t)$ 与电枢电压 $u_a(t)$ 成正比，于是电动机可作为测速发电机使用。

三、运动方程

如图 2－3 所示为一具有质量、弹簧、阻尼器的机械位移系统。试列写质量 m 在外力 $f(t)$ 作用下，位移 $x(t)$ 的运动方程。

设质量 m 相对于初始状态的位移、速度、加速度分别为 $x(t)$，$dx(t)/dt$，$d^2x(t)/dt^2$，

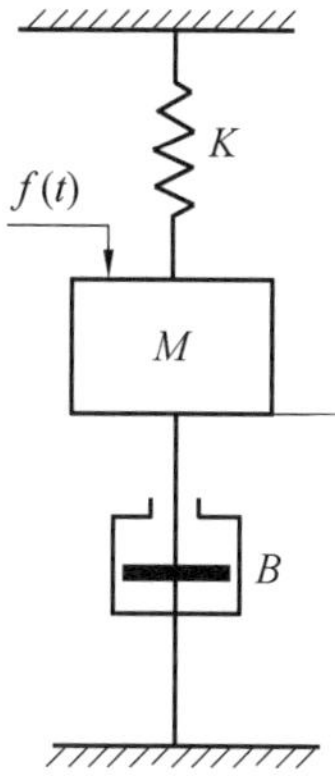

图 2－3　质量、弹簧、阻尼器的机械位移系统

由牛顿运动定律有

$$m\frac{\mathrm{d}^2x(t)}{\mathrm{d}t^2}=f(t)-f_1(t)-f_2(t) \tag{2－11}$$

式中，$f_1(t)=f\cdot \mathrm{d}x(t)/\mathrm{d}t$ 是阻尼器的阻尼力，其方向与运动方向相反，其大小与运动速度成正比；f 为阻尼系数；$f_2(t)=Kx(t)$ 是弹簧弹性力，其方向亦与运动方向相反，其大小与位移成正比，K 为弹性系数。

将 $f_1(t)$ 和 $f_2(t)$ 代入式(2－11)中，经整理后即得该系统的微分方程式为

$$m\frac{\mathrm{d}^2x(t)}{\mathrm{d}t^2}+f\frac{\mathrm{d}x(t)}{\mathrm{d}t}+Kx(t)=f(t) \tag{2－12}$$

比较式(2－4)、式(2－8)和式(2－12)后发现，虽然它们所代表的系统的类别、结构完全不同，但表征其运动特征的微分方程式却是相似的。从这里也可以看出，尽管环节(或系统)的物理性质不同，它们的数学模型却可以是相似的。这就是系统的相似性。

第二节　非线性数学模型的线性化

一、线性化的概念理解

在构建控制系统的数学模型时，非线性问题是一个经常遇到的难题。事实上，从严格意义上讲，所有实际的物理元件或系统都具备非线性特性。举例来说，弹簧的刚度并非恒定，而是与其形变量息息相关，因此弹簧系数 K 实际上是位移 x 的一个变量函数，而非固定常数；电阻、电容、电感等元件的参数也并非一成不变，它们会受到如温度、湿度、压力等环境因素的影响，以及流经电流的变化而发生改变；电动机的运动方程中，由于摩擦、死区

等非线性因素的存在，使得方程变得更为复杂，从而构成非线性方程。

对于线性系统的数学模型求解，可以借助工程数学中的拉氏变换方法，通常能够得到较为精确的解答。然而，对于非线性微分方程，却缺乏一种通用的解析求解途径。尽管利用计算机技术，可以对具体的非线性问题进行数值近似计算，得出相应的结果，但要想揭示并掌握各类非线性系统的普遍规律，却显得尤为困难。

因此，在进行理论研究时，为了贴近工程实际，往往在合理且可行的条件下，将非线性方程进行近似简化，将其转化为线性方程来处理，这就是线性化方法的应用。通过线性化，可以使问题变得更为简洁明了，从而更便于分析和求解。

二、小偏差线性化方法

每个控制系统都有一个额定的工作状态，以及与之紧密对应的工作点。根据数学的级数理论，如果一个函数在某个给定区域内存在各阶导数，那么就可以在这个工作点的邻域内，将非线性函数展开为泰勒级数形式。当偏差的范围非常小时，可以忽略级数展开式中的高次偏差项，从而得到一个仅包含偏差一次项的线性化方程。这种通过忽略小偏差的高次项来简化非线性函数的方法，被称为小偏差线性化方法。

设连续变化的非线性函数为 $y=f(x)$，如图 2－4 所示。取某平衡状态 A 为工作点，对应有 $y_0=f(x_0)$。当 $x=x_0+\Delta x$ 时，有 $y=y_0+\Delta y$。设函数 $y=f(x)$ 在(x_0,y_0)点连续可微，则将它在该点附近用泰勒级数展开为

$$y=f(x)=f(x_0)+\left(\frac{\mathrm{d}f(x)}{\mathrm{d}x}\right)_{x_0}(x-x_0)+\frac{1}{2!}\left(\frac{\mathrm{d}^2f(x)}{\mathrm{d}x^2}\right)_{x_0}(x-x_0)^2+\cdots \tag{2-13}$$

当增量$(x-x_0)$很小时，略去其高次幂项，则有

$$y-y_0=f(x)-f(x_0)=\left(\frac{\mathrm{d}f(x)}{\mathrm{d}x}\right)_{x_0}(x-x_0) \tag{2-14}$$

令 $\Delta y=y-y_0=f(x)-f(x_0)$，$\Delta x=x-x_0$，$K=(\mathrm{d}f(x)/\mathrm{d}x)_{x_0}$，则线性化方程可简记为

$$\Delta y=K\Delta x \tag{2-15}$$

略去增量符号 Δ，便得到函数在工作点附近的线性化方程为

$$y=Kx \tag{2-16}$$

式中，$K=(\mathrm{d}f(x)/\mathrm{d}x)_{x_0}$ 是比例系数，它是函数 $y=f(x)$ 在 A 点附近的切线斜率。

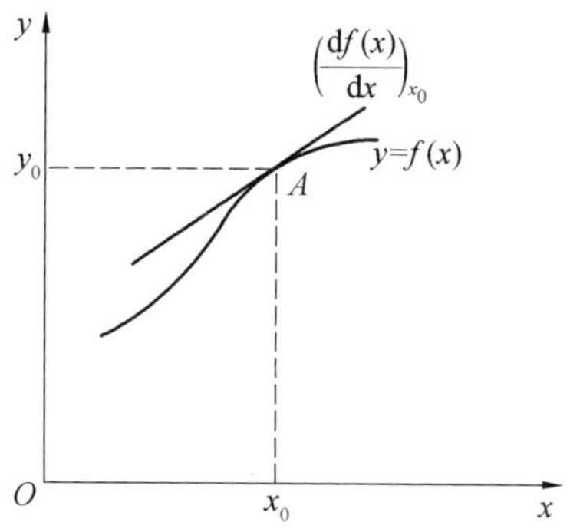

图 2—4　小偏差线性化示意图

三、应用实例

铁芯线圈电路如图 2—5(a) 所示，其磁通 Φ 与线圈中电流 i 之间关系如图 2—5(b) 所示。试列写以 u_r 为输入量，i 为输出量的电路微分方程。

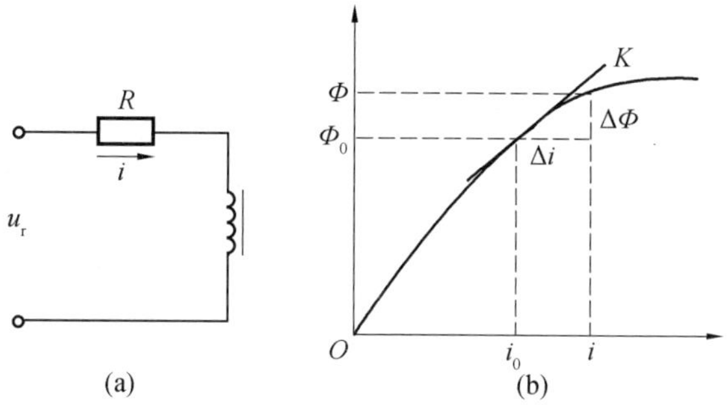

图 2—5　铁芯线圈电路及其特性

解　设铁芯线圈磁通变化时产生的感应电势为

$$u_\Phi = K_1 \frac{d\Phi(i)}{dt} \tag{2-17}$$

根据克希霍夫定律可写出电路微分方程为

$$u_r = K_1 \frac{d\Phi(i)}{dt} + Ri = K_1 \frac{d\Phi(i)}{di}\frac{di}{dt} + Ri \tag{2-18}$$

式中，$d\Phi(i)/di$ 是线圈中电流 i 的非线性函数。

因此式(2—18) 是一个非线性微分方程。

在工程应用中，如果电路的电压和电流只在某平衡点(u_0，i_0) 附近做微小变化，则可设 u_r 相对于 u_0 的增量是 Δu_r，i 相对于 i_0 的增量是 Δi，并设 $\Phi(i)$ 在 i_0 的附近连续可微，则将 $\Phi(i)$ 在 i_0 附近用泰勒级数展开为

$$\Phi(i)=\Phi(i_0)+\left(\frac{\mathrm{d}\Phi(i)}{\mathrm{d}i}\right)_{i_0}\Delta i+\frac{1}{2!}\left(\frac{\mathrm{d}^2\Phi(i)}{\mathrm{d}i^2}\right)_{i_0}(\Delta i)^2+\cdots \tag{2-19}$$

当 Δi 足够小时，略去高阶导数项，可得

$$\Phi(i)-\Phi(i_0)=\left(\frac{\mathrm{d}\Phi(i)}{\mathrm{d}i}\right)_{i_0}\Delta i=K\Delta i \tag{2-20}$$

式中，$K=(\mathrm{d}\Phi(i)/\mathrm{d}i)_{i_0}$，令 $\Delta\Phi=\Phi(i)-\Phi(i_0)$，并略去增量符号 Δ，便得到磁通 Φ 与线圈中电流 i 之间的增量线性化方程为

$$\Phi(i)=Ki \tag{2-21}$$

由式(2－21)可求得 $\mathrm{d}\Phi(i)/\mathrm{d}i=K$，代入式(2－20)中，有

$$K_1K\frac{\mathrm{d}i}{\mathrm{d}t}+Ri=u_r \tag{2-22}$$

式(2－22)便是铁芯线圈电路在平衡点(u_0，i_0)的增量线性化方程，若平衡点发生变动，则 K 值亦相应改变。

通过上述探讨，我们在对非线性数学模型进行线性化处理时，应当注意以下几个关键点：

(1) 线性化方程中的参数是与工作点的选择密切相关的。不同的工作点会导致相应的参数有所不同。因此，在进行线性化处理之前，必须明确并确定好工作点。

(2) 当输入量的变化范围较大时，采用上述线性化方法可能会带来较大的误差。因此，需要特别注意线性化方法的适用条件，尤其是信号的变化范围，以确保线性化处理的准确性。

(3) 如果非线性特性是不连续的，且无法满足展开为泰勒级数的条件，那么，就不能对其进行线性化处理。这类非线性被称为本质非线性，对于这类问题，需要运用非线性自动控制理论来寻求解决方案。

第三节　传递函数

建立系统数学模型旨在深入分析系统性能。通过求解微分方程，可获系统输出响应，计算机使此过程更快捷。系统结构或参数变化时，需重新求解方程，增加了复杂性。拉氏变换为求解线性微分方程提供便捷，将问题转化为代数方程和查表，简化了计算。拉氏变换还将系统动态性能模型转为复数域代数形式——传递函数。传递函数准确表征系统动态性能，是研究系统变化影响的重要工具，是经典控制理论的核心概念。

一、传递函数的定义和性质

(一) 定义

线性定常系统的传递函数，定义为零初始条件下，系统输出量的拉氏变换与输入量的拉氏变换之比。

设线性定常系统由下述 n 阶线性常微分方程来描述

$$
\begin{aligned}
& a_0 \frac{\mathrm{d}^n}{\mathrm{d}t^n} y(t) + a_1 \frac{\mathrm{d}^{n-1}}{\mathrm{d}t^{n-1}} y(t) + \cdots + a_{n-1} \frac{\mathrm{d}}{\mathrm{d}t} y(t) + a_n y(t) \\
&= b_0 \frac{\mathrm{d}^m}{\mathrm{d}t^m} u(t) + b_1 \frac{\mathrm{d}^{m-1}}{\mathrm{d}t^{m-1}} u(t) + \cdots + b_{m-1} \frac{\mathrm{d}}{\mathrm{d}t} u(t) + b_m u(t)
\end{aligned} \tag{2-23}
$$

式中，$y(t)$ 是系统的输出量；$u(t)$ 是系统的输入量；$a_i (i=1,2,\cdots,n)$ 和 $b_j (j=1,2,\cdots,m)$ 是与系统结构和参数有关的常系数。

设 $u(t)$ 和 $y(t)$ 及各阶导数在 $t=0$ 时的值均为零，即零初始条件，则对上式中各项分别求拉氏变换，并令 $Y(s)=\ell[y(t)]$，$U(s)=\ell[u(t)]$，可得 s 的代数方程为

$$
[a_0 s^n + a_1 s^{n-1} + \cdots + a_{n-1} s + a_n] Y(s) = [b_0 s^m + b_1 s^{m-1} + \cdots + b_{m-1} s + b_m] U(s) \tag{2-24}
$$

于是，由定义得系统传递函数为

$$
G(s) = \frac{Y(s)}{U(S)} = \frac{b_0 s^m + b_1 s^{m-1} + \cdots + b_{m-1} s + b_m}{a_0 s^n + a_1 s^{n-1} + \cdots + a_{n-1} s + a_n} \tag{2-25}
$$

(二) 性质

传递函数具有如下特性：

(1) 传递函数是复变量 s 的有理真分式，具备复变函数的所有特性，其中 $m \leqslant n$ 且所有系数均为实数。

(2) 传递函数是系统或元件的一种数学模型表达形式，它用系统参数来描述输出量与输入量之间的关系。这种关系仅取决于系统或元件的结构和参数，与输入量的形式无关，也不涉及系统内部的任何细节。

(3) 传递函数与微分方程具有内在的联系。通过将系统或元件微分方程中的各阶导数替换为相应阶次的复变量 s，即可轻松求得传递函数。

(4) 传递函数 $g(s)$ 的拉氏反变换对应于系统的脉冲响应 $g(t)$。

$g(t)$ 是系统在单位脉冲 $\delta(t)$ 输入时的输出响应。此时 $U(s)=\ell[\delta(t)]=1$，故有

$$g(t)=\ell^{-1}[Y(s)]=\ell^{-1}[G(s)U(s)]=\ell^{-1}[G(s)]$$

对于简单的系统或元件，首先建立其输出量与输入量之间的微分方程，然后在零初始条件下进行拉氏变换。通过计算输出量与输入量的拉氏变换之比，即可得到系统的传递函数。对于较为复杂的系统或元件，可以将其拆解为多个局部环节，分别求出各环节的传递函数，再利用结构图变换规则，综合计算出系统总的传递函数。

二、典型环节的传递函数

一个物理系统是由众多元件相互组合而构成的复杂整体。尽管这些元件在结构和作用原理上千差万别，但如果撇开它们的具体构造和物理特性，转而关注其运动规律和数学模型的共通之处，就会发现它们可以归纳为几种有限的典型环节。这些典型环节包括：比例环节、微分环节、积分环节、一阶惯性环节、二阶振荡环节以及延迟环节。

值得注意的是，典型环节的划分是基于数学模型的共性，它们并不与具体的元件一一对应。换言之，典型环节所代表的是一种特定的运动规律或数学模式，而并非指某一种具体的物理元件。

（一）比例环节

比例环节，亦称为放大环节，其输出量与输入量之间保持着一种恒定的比例关系。这意味着，输出量能够准确无误、毫无延迟地按照既定的比例复现输入量的变化。比例环节的表达式为

$$y(t)=Ku(t) \tag{2-26}$$

比例环节的传递函数为

$$G(s)=\frac{Y(s)}{U(s)}=K \tag{2-27}$$

在物理系统中，某些元件或部件在特定条件下可近似为比例环节。例如，无弹性变形的杠杆、非线性效应和时间常数可忽略的电子放大器、传动链的固定速比关系，以及测速发电机电压与转速之间的线性对应关系，在理想状况下均可视为比例环节。然而，必须强调的是，现实中并不存在完全理想的比例环节。

实际上，杠杆和传动链中总会存在一定的弹性变形，这使得它们在受到外力作用时并非完全刚性。同时，当输入信号的频率发生变化时，电子放大器的放大系数也会随之改变，表现出一定的非线性特性。此外，测速发电机的电压与转速之间的关系也并非完全是线性的，尤其是在极端条件或特定工况下，这种非线性可能会更加明显。

因此，将上述这些环节视为比例环节，实际上是一种理想化的处理方法。在很多情况下，这种理想化处理既不会改变问题的本质，又能大大简化分析过程。但是，我们在进行这种理想化处理时，一定要明确其条件和适用范围，以免因过度简化而导致错误的结论。

（二）微分环节

微分环节是自动控制系统中经常应用的环节。

1. 理想微分环节

理想微分环节的特点是在暂态过程中，输出量为输入量的微分，即

$$y(t)=\tau\frac{\mathrm{d}u(t)}{\mathrm{d}t} \tag{2-28}$$

式中，τ 为时间常数。

其传递函数为

$$G(s)=\frac{Y(s)}{U(s)}=\tau s \tag{2-29}$$

如图 2－6(c) 所示的测速发电机，当其输入量为转角 φ，输出量为电枢电压 u_c 时，具有微分环节的作用。设测速发电机角速度为 ω，则 $\omega=\frac{\mathrm{d}\varphi}{\mathrm{d}t}$，而测速发电机的输出电压 u_c 与其角速度成正比，因此得

$$u_c=K\omega=K\frac{\mathrm{d}\varphi}{\mathrm{d}t} \tag{2-30}$$

由此，传递函数为

$$G(s)=\frac{U_c(s)}{\varphi(s)}=Ks \tag{2-31}$$

2. 实际微分环节

这种理想的微分环节在实际中很难实现。如图 2－6(a) 所示的 RC 串联电路是实际中常用的微分环节的例子。

如图 2－6(a) 所示的电路的微分方程为

$$u_r=\frac{1}{C}\int i\mathrm{d}t+iR \tag{2-32}$$

$$iR=u_c \tag{2-33}$$

消去中间变量得

$$u_r=\frac{1}{RC}\int u_c\mathrm{d}t+u_c \tag{2-34}$$

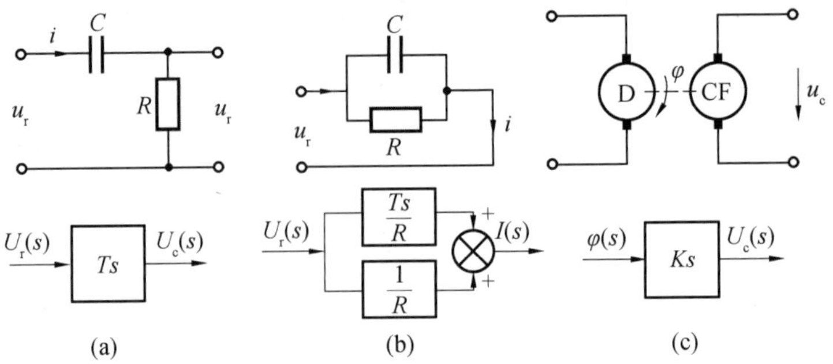

图 2－6　微分环节

相应的传递函数为

$$G(s)=\frac{U_c(s)}{U_r(s)}=\frac{T_c s}{T_c s+1} \tag{2-35}$$

式中，$T_c=RC$。

当 $RC\ll 1$ 时，其传递函数可以写成

$$G(s)=\frac{U_c(s)}{U_r(s)}=T_c s \tag{2-36}$$

3. 比例微分环节

如图 2－6(b) 所示的 RC 电路也是微分环节。它与如图 2－6(a) 所示的微分电路稍有不同，其输入量为电压 u_r，输出量为回路电流 i。由电路原理知，当输入电压 u_r 发生变化时，有

$$i=C\frac{\mathrm{d}u_r}{\mathrm{d}t}+\frac{u_r}{R} \tag{2-37}$$

因此，该电路的传递函数为

$$G(s)=\frac{I(s)}{U_r(s)}=\frac{1}{R}+\frac{1}{R}Ts \tag{2-38}$$

式中，$T=RC$，微分时间常数。

（三）积分环节

积分环节的动态方程为

$$\frac{\mathrm{d}y(t)}{\mathrm{d}t}=Ku(t) \tag{2-39}$$

上式表明，积分环节的输出量与输入量的积分成正比。

对应的传递函数为

$$G(s)=\frac{Y(s)}{U(s)}=\frac{K}{s} \tag{2-40}$$

(四) 一阶惯性环节

自动控制系统中经常包含一阶惯性环节,这种环节具有一个储能元件。一阶惯性环节的微分方程为

$$T\frac{\mathrm{d}y(t)}{\mathrm{d}t}+y(t)=Ku(t) \tag{2-41}$$

其传递函数可以写成如下表达式

$$G(s)=\frac{Y(s)}{U(s)}=\frac{K}{Ts+1} \tag{2-42}$$

式中,K 为比例系数;T 为时间常数。

如图 2－7 所示的 RC 电路就是一阶惯性环节的例子。

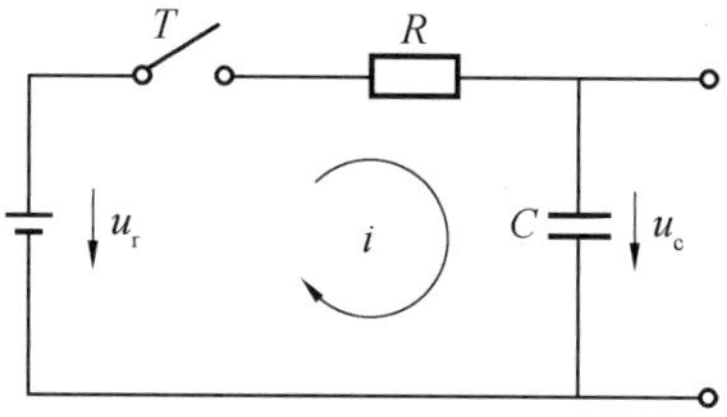

图 2－7　RC 电路

对于如图 2－7 所示的 RC 电路,其输入电压 $u_r(t)$ 和输出电压 $u_c(t)$ 之间的关系为

$$RC\frac{\mathrm{d}u_c(t)}{\mathrm{d}t}+u_c(t)=u_r(t) \tag{2-43}$$

对上式进行拉氏变换,可以求出传递函数为

$$G(s)=\frac{U_c(s)}{U_r(s)}=\frac{1}{RCs+1} \tag{2-44}$$

(五) 二阶振荡环节

二阶振荡环节的微分方程为

$$T^2\frac{\mathrm{d}^2}{\mathrm{d}t^2}y(t)+2\zeta T\frac{\mathrm{d}}{\mathrm{d}t}y(t)+y(t)=Ku(t) \tag{2-45}$$

其传递函数为

$$G(s)=\frac{Y(s)}{U(s)}=\frac{K}{T^2s^2+2\zeta Ts+1}=\frac{\omega_n^2}{s^2+2\zeta\omega_n s+\omega_n^2} \tag{2-46}$$

式中,T 为时间常数;ζ 为阻尼系数(阻尼比);ω_n 为无阻尼自然振荡频率。

对于振荡环节恒有 $0\leqslant\zeta<1$。

(六) 延迟环节

延迟环节的特点是，其输出信号比输入信号滞后一定的时间。其数学表达式为

$$y(t)=u(t-\tau) \tag{2-47}$$

由拉氏变换的平移定理，可求得输出量在零初始条件下的拉氏变换为

$$Y(s)=U(s)\mathrm{e}^{-\tau s} \tag{2-48}$$

所以，延迟环节的传递函数为

$$G(s)=\frac{Y(s)}{U(s)}=\mathrm{e}^{-\tau s} \tag{2-49}$$

在生产实际中，特别是在一些液压、气动或机械传动系统中，都可能遇到时间滞后现象。在计算机控制系统中，由于运算需要时间，也会出现时间延迟。

第四节　系统结构图及其等效变换

一个控制系统由众多元件联结而成，可分解为若干环节，各环节有明确的输入输出和传递函数。为直观展现各环节功能关系，控制工程引入“结构图”概念。结构图是数学图形工具，形象描绘系统部件间信号传递路径，清晰展示变量因果关系及运算。在控制理论中，它是描述分析复杂系统的有力工具。

一、系统结构图概述

控制系统的结构图由多个方框和信号流向线构成，方框代表对信号的单向运算，整体包含四种基本元素。

1. 信号线

信号线以带箭头的直线表示，箭头指示信号流向，直线旁标注信号的时间或象函数，如图 2－8(a) 所示。

2. 引出点

引出点标志信号引出或测量的位置，同一位置引出的信号数值和性质一致，如图 2－8(b) 所示。

3. 比较点

比较点用于两个及以上信号的加减运算，“＋” 表相加，“－” 表相减，“＋” 号可省略，如图 2－8(c) 所示。

4. 方框(或环节)

方框表示对信号进行的数学变换。方框中写入环节或系统的传递函数，如图 2—8(d) 所示。显然，方框的输出量等于方框的输入量与传递函数的乘积，即

$$Y(s)=G(s)X(s) \tag{2-50}$$

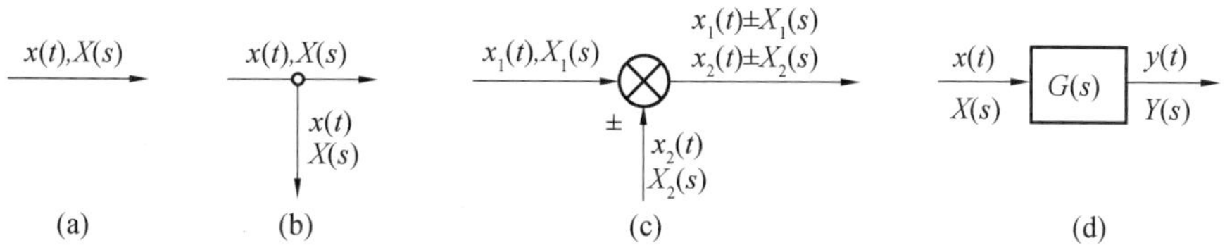

图 2—8　结构图的基本组成单元

绘制系统结构图时，首先分别列写系统各环节的传递函数，并将它们用方框表示；然后，按照信号的传递方向用信号线依次将各方框连接起来便得到系统的结构图。

二、结构图的等效变换和简化

一个复杂的系统结构图，其方框间的连接错综复杂，给分析计算带来很大难度。为简化此过程，可基于“等效”原则，对方框进行重新排列组合。方框间的基本连接仅包括串联、并联和反馈三种，因此，结构图简化的核心策略是通过调整引出点或比较点的位置，将具有这些连接关系的方框进行合并。在简化时，务必确保变换前后变量关系一致，以保证简化的准确有效。

(一) 环节的串联

两个环节 $G_1(s)$ 和 $G_2(s)$ 以串联方式连接，如图 2—9(a) 所示。两个传递函数分别为 $G_1(s)$ 与 $G_2(s)$。现欲将二者合并，用一个传递函数 $G(s)$ 代替，并保持 $R(s)$ 与 $C(s)$ 的关系不变，即

$$G(s)=G_1(s)G_2(s) \tag{2-51}$$

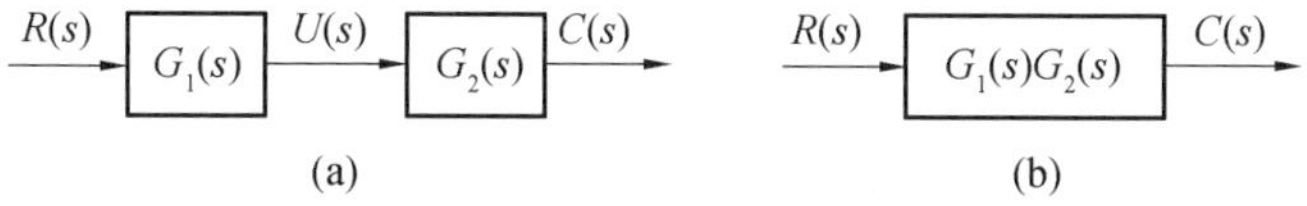

图 2—9　结构图串联连接及其简化

证明　由图 2—9(a) 可写出

$$U(s)=G_1(s)R(s) \tag{2-52}$$

消去 $U(s)$，则有

$$C(s)=G_1(s)G_2(s)R(s)=G(s)R(s) \tag{2-53}$$

故可证实，等效结构如图 2－9(b) 所示。式(2－51) 说明，两个传递函数串联后的等效传递函数等于这两个传递函数的乘积。此结论可进一步推广至多个方框图的串联情况。即 n 个传递函数串联的等效传递函数等于这 n 个传递函数的乘积，如图 2－10 所示。

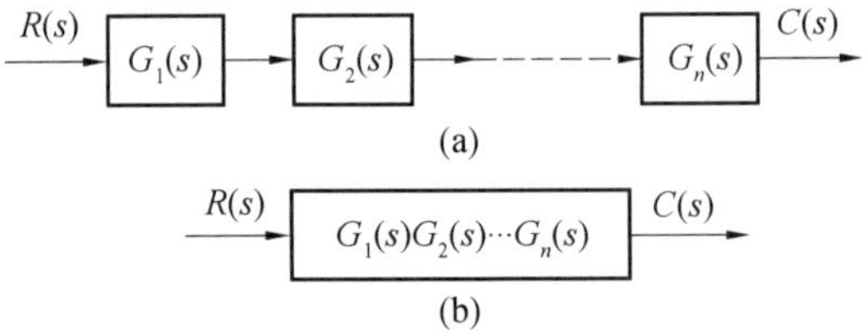

图 2－10　n 个方框串联的等效变换

(二) 环节的并联

传递函数分别为 $G_1(s)$ 与 $G_2(s)$ 的并联方式连接，如图 2－11 所示。其等效传递函数等于该两个传递函数的代数和，即

$$G(s)=G_1(s)\pm G_2(s) \tag{2-54}$$

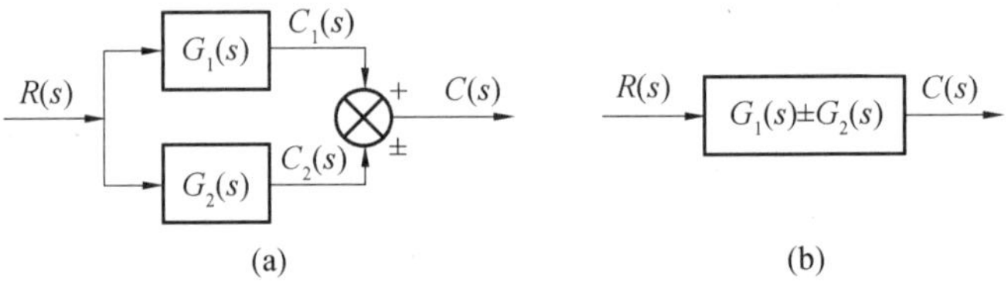

图 2－11　两个方框并联的等效变换

证明　由图 2－11(a) 可写出

$$C_1(s)=G_1(s)R(s)$$

$$C_2(s)=G_2(s)R(s)$$

$$\begin{aligned}C(s)&=C_1(s)\pm C_2(s)=G_1(s)R(s)\pm G_2(s)R(s)\\&=[G_1(s)\pm G_2(s)]R(s)=G(s)R(s)\end{aligned} \tag{2-55}$$

可以证明等效结构图如图 2－11(b) 所示。

式(2－54) 说明，两个传递函数并联的等效传递函数等于各传递函数的代数和。同样，可将上述结论推广到 n 个方框图的并联。

(三) 反馈连接的等效变换

如图 2－12(a) 所示为反馈连接的一般形式，其等效变换的结构图如图 2－12(b) 所示。

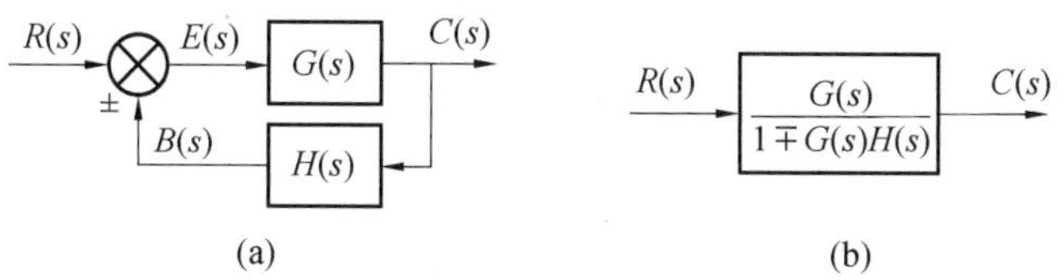

图 2－12　反馈连接的等效变换

证明　由图 2－12(a),按照信号传递的关系可写出

$$C(s)=G(s)E(s)$$

$$B(s)=H(s)C(s)$$

$$E(s)=R(s)\pm B(s) \tag{2-56}$$

消去 $E(s)$、$B(s)$,得

$$C(s)=G(s)[R(s)\pm H(s)C(s)] \tag{2-57}$$

$$[1\mp G(s)H(s)]C(s)=G(s)R(s) \tag{2-58}$$

得

$$\frac{C(s)}{R(s)}=\frac{G(s)}{1\mp G(s)H(s)} \tag{2-59}$$

将反馈方框图等效简化为一个方框,方框中的传递函数应为上式。其闭环传递函数为

$$\Phi(s)=\frac{G(s)}{1\mp G(s)H(s)} \tag{2-60}$$

式中,分母中的减号对应于负反馈,加号对应于正反馈。

三、系统传递函数

自动控制系统在工作过程中,经常会受到两类输入信号的作用:一类是给定的有用输入信号 $r(t)$;另一类则是阻碍系统进行正常工作的扰动信号 $n(t)$。

闭环控制系统的典型结构可用图 2－13 表示。

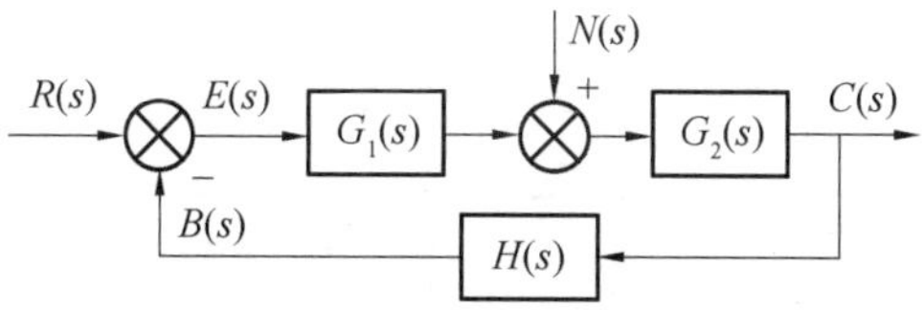

图 2－13　闭环控制系统的典型结构图

研究系统输出量 $c(t)$ 的变化规律,只考虑 $r(t)$ 的作用是不完全的,往往还需要考虑

$n(t)$ 的影响。基于系统分析的需要，下面介绍一些传递函数的概念。

（一）系统开环传递函数

系统开环传递函数，是用根轨迹法和频率法分析系统的主要数学模型。在图2－13中，将反馈环节 $H(s)$ 的输出端断开，则前向通道传递函数与反馈通道传递函数的乘积 $G_1(s)G_2(s)H(s)$ 称为系统的开环传递函数，相当于 $B(s)/E(s)$。由此，可得反馈连接的闭环传递函数 $\Phi(s)=\dfrac{G(s)}{1\mp G(s)H(s)}$，表示为通式

$$\Phi(s)=\frac{\text{前向通道传递函数}}{1\mp\text{开环传递函数}} \tag{2－61}$$

（二）$r(t)$ 作用下的系统闭环传递函数

令 $n(t)=0$，图 2－13 简化为图 2－14，输出 $c(t)$ 对输入 $r(t)$ 的传递函数为

$$\frac{C(s)}{R(s)}=\Phi(s)=\frac{G_1(s)G_2(s)}{1+G_1(s)G_2(s)H(s)} \tag{2－62}$$

称 $\Phi(s)$ 为 $r(t)$ 作用下的系统闭环传递函数。

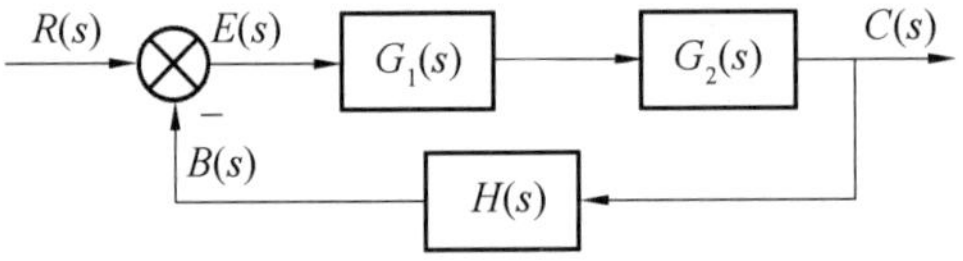

图 2－14　$r(t)$ 作用下的系统结构图

（三）$n(t)$ 作用下的系统闭环传递函数

为了研究扰动对系统的影响，需要求出 $c(t)$ 对 $n(t)$ 的传递函数。令 $r(t)=0$，图 2－13 转化为图 2－15，由图可得

$$\frac{C(s)}{N(s)}=\Phi_n(s)=\frac{G_2(s)}{1+G_1(s)G_2(s)H(s)} \tag{2－63}$$

称 $\Phi_n(s)$ 为 $n(t)$ 作用下的系统闭环传递函数。

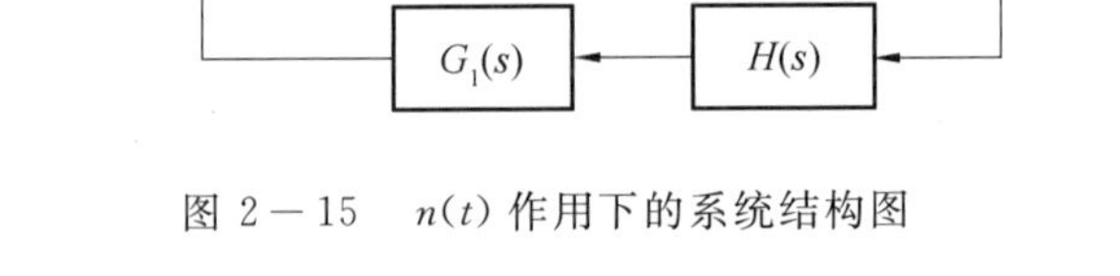

图 2－15　$n(t)$ 作用下的系统结构图

(四) 系统的总输出

当给定输入和扰动输入同时作用于系统时，根据线性叠加原理，线性系统的总输出应为各输入信号引起的输出之总和。因此有

$$C(s)=\Phi(s)R(s)+\Phi_n(s)N(s)=\frac{G_1(s)G_2(s)R(s)}{1+G_1(s)G_2(s)H(s)}+\frac{G_2(s)N(s)}{1+G_1(s)G_2(s)H(s)} \tag{2-64}$$

(五) 闭环系统的误差传递函数

误差大小直接反映了系统的控制精度。在此定义误差为给定信号与反馈信号之差，即

$$E(s)=R(s)-B(s) \tag{2-65}$$

1. $r(t)$ 作用下闭环系统的给定误差传递函数 $\Phi_e(s)$

令 $n(t)=0$，则可由图 2－13 转化得到图 2－16(a) 求得

$$\frac{E(s)}{R(s)}=\frac{1}{1+G_1(s)G_2(s)H(s)}=\Phi_e(s) \tag{2-66}$$

2. $n(t)$ 作用下闭环系统的扰动误差传递函数 $\Phi_{en}(s)$

取 $r(t)=0$，则可由图 2－16(b) 求得

$$\frac{E(s)}{N(s)}=\frac{-G_2(s)H(s)}{1+G_1(s)G_2(s)H(s)}=\Phi_{en}(s) \tag{2-67}$$

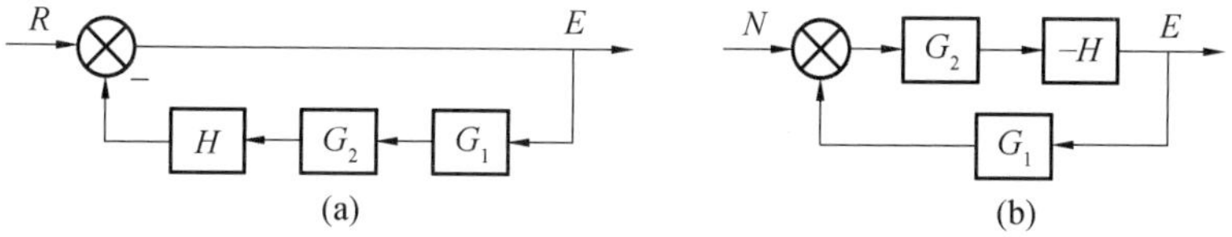

图 2－16　$r(t)$、$n(t)$ 作用下误差输出的结构图

3. 系统的总误差

根据叠加原理，系统的总误差为

$$E(s)=\Phi_e(s)R(s)+\Phi_{en}(s)N(s) \tag{2-68}$$

对比上面导出的 4 个传递函数 $\Phi(s)$、$\Phi_n(s)$、$\Phi_e(s)$ 和 $\Phi_{en}(s)$ 的表达式，可以看出，表达式虽然各不相同，但其分母却完全相同，均为 $[1+G_1(s)G_2(s)H(s)]$，这是闭环控制系统的本质特征。

第五节　MATLAB 在控制系统建模中的应用

控制系统中有四种常用的数学模型：传递函数模型（通常以 tf 对象表示）、零极点模型（以 zpk 对象表示）、框图模型，以及属于现代控制理论范畴的状态空间模型（以 ss 对象表示）。在经典控制理论中，通常采用前三种模型来描述系统。本节将重点探讨传递函数模型和零极点增益模型在 MATLAB 中的表达方式，介绍两者之间的相互转换方法，并阐述如何利用 MATLAB 求解系统框图对应的传递函数模型。

一、传递函数模型

由前述可知，线性连续系统的传递函数模型一般可表示为

$$G(s)=\frac{b_0 s^m + b_1 s^{m-1} + \cdots + b_{m-1} s + b_m}{a_0 s^n + a_1 s^{n-1} + \cdots + a_{n-1} s + a_n},\quad n \geqslant m \tag{2-69}$$

将系统的分子和分母多项式的系数，按依次降幂的方式以向量的形式输入给两个变量 num 和 den，即可将传递函数模型输入 MATLAB 环境中。其指令格式为

$$\mathrm{num}=[\mathrm{b_0},\mathrm{b_1},\cdots,\mathrm{b_{m-1}},\mathrm{b_m}] \tag{2-70}$$

$$\mathrm{den}=[\mathrm{a_0},\mathrm{a_1},\cdots,\mathrm{a_{n-1}},\mathrm{a_n}] \tag{2-71}$$

用函数 tf() 来建立控制系统的传递函数模型，其调用格式为

$$\mathrm{sys}=\mathrm{tf(num,den)} \tag{2-72}$$

二、零极点模型

线性系统的传递函数还可以写成零极点的形式

$$G(s)=K\frac{(s+z_1)(s+z_2)\cdots(s+z_m)}{(s+p_1)(s+p_2)\cdots(s+p_n)} \tag{2-73}$$

将系统增益 K、零点 $-z_i$ 和极点 $-p_j$ 以向量的形式输入 MATLAB 工作空间，其指令格式为

$$\mathrm{KGain}=\mathrm{K}$$

$$\mathrm{z}=[-\mathrm{z_1};-\mathrm{z_2};\cdots;-\mathrm{z_i};\cdots;-\mathrm{z_m}]$$

$$\mathrm{p}=[-\mathrm{p_1};-\mathrm{p_2};\cdots;-\mathrm{p_j};\cdots;-\mathrm{p_n}]$$

用函数 zpk() 来建立系统的零极点模型，其指令格式为

$$\mathrm{zpk(z,p,KGain)}$$

三、控制系统模型间的相互转换

(一) 零极点模型转换为传递函数模型

[num,den]=zp2tf(z,p,k)　　(2-74)

(二) 传递函数模型转换为零极点模型

[z,p,k]=tf2zp(num,den)　　(2-75)

四、控制系统连接框图的模型表示

(一) 串联

在 MATLAB 中可将两个传递函数直接相乘,或者用 series() 函数实现。MATLAB 的指令格式为

```
sys=sys1*sys2;
[num,dem]=series(num1,den1,num2,den2);
```

(二) 并联

在 MATLAB 中可将两个传递函数直接相加,或者用 parallel() 函数实现。MATLAB 的指令格式为

```
sys=sys1+sys2;
[num,dem]=parallel(num1,den1,num2,den2);
```

(三) 反馈连接

将系统通过正、负反馈连接成闭环系统,在 MATLAB 中可用 cloop() 函数实现。MATLAB 的指令格式为

```
[numc,demc]=cloop(num,den,sign)
```

该指令表示,由传递函数表示的开环传递函数构成闭环系统。当 sign=1 时为正反馈;当 sign=-1 时为负反馈;sign 缺省时,默认为负反馈。

在 MATLAB 中也可用 feedback() 函数实现。MATLAB 的指令格式为

```
sys=feedback(sys1,sys2,sign)
```

第三章　控制系统的时域分析

第一节　典型输入信号和时域性能指标

一、典型输入信号

一个控制系统的时域响应特性，不仅深受系统本身结构和参数的影响，还与系统的初始状态以及所施加的输入信号密切相关。在工程实践领域，由于系统的输入信号往往伴随着随机性、不确定性等多种复杂因素，这极大地增加了求解系统响应数学表达式的难度。为了更有效地进行研究，通常会选择一些具有代表性的典型输入信号来分析和设计系统。在根据控制系统的实际工作情况选取这些典型输入信号时，应当确保它们具备以下两个显著特点：

第一，这些信号的数学表达式应当简洁明了，这样便于求解输出响应的数学表达式，并对系统的动态特性进行深入的分析和研究。

第二，这些信号应当易于通过实验手段进行产生和复现，这样可以方便进行实验验证，从而更准确地设计和优化控制系统。

在时域分析中，经常采用的典型输入信号包括阶跃信号、斜坡信号、抛物线信号、脉冲信号以及正弦信号等，它们各自具有独特的特性和适用场景。

（一）阶跃信号

阶跃信号是指输入信号在零时刻发生瞬间跃变，然后保持不变的信号，如图 3－1 所示，其时域数学表达式为

$$r(t)=\begin{cases}0, t<0\\A, t\geqslant 0\end{cases} \tag{3-1}$$

式中，A 为阶跃幅度，当阶跃幅度 $A=1$ 时，称为单位阶跃信号，记为 $1(t)$。

对式(3－1) 进行拉氏变换，其为

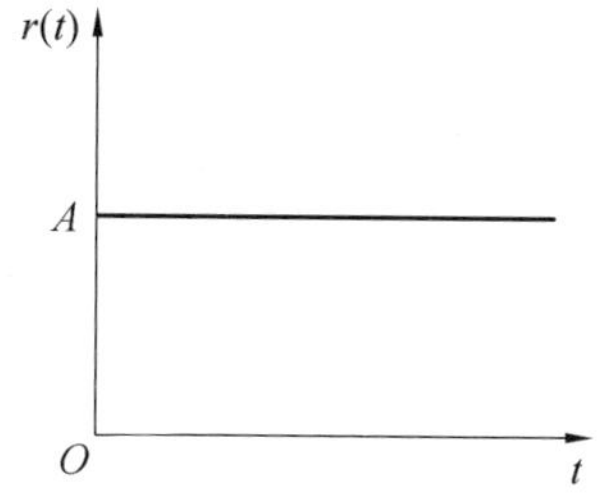

图 3－1　阶跃信号

$$R(s)=\frac{A}{s} \tag{3-2}$$

在工程实践中，电源的突然接通、电机的负载突变、恒温控制系统等均可视为阶跃信号。

（二）斜坡信号

斜坡信号又称速度信号，可以表示输入信号从零时刻开始，随时间正比例增长的信号，如图 3－2 所示，其时域数学表达式为

$$r(t)=\begin{cases}0, & t<0\\ At, & t\geqslant 0\end{cases} \tag{3-3}$$

式中，A 为斜坡信号的斜率，当 $A=1$ 时，称为单位斜坡信号，可记为 $t\cdot 1(t)$。

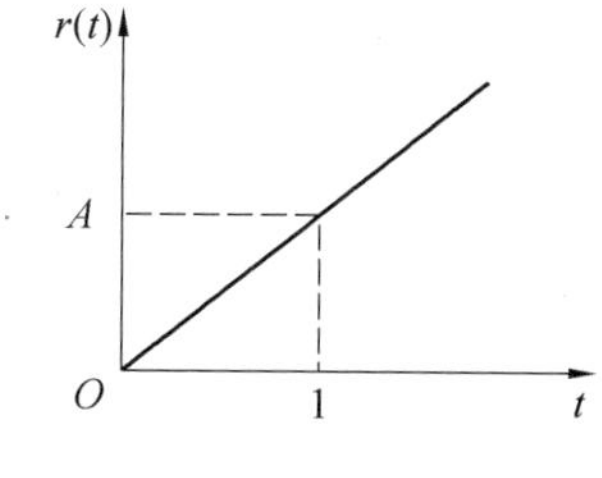

图 3－2　斜坡信号

对式(3－3)进行拉氏变换，其为

$$R(s)=\frac{A}{s^2} \tag{3-4}$$

在工程实践中，某些随动系统常常工作于这种作用下，例如雷达－防空火炮系统，当雷达跟踪的目标以恒定速率飞行时，目标的位置指令便可视为斜坡信号。

（三）抛物线（加速度）信号

抛物线亦称加速度信号，可以表示输入信号在零时刻开始，随时间加速度增长的信号，如图 3－3 所示，其时域数学表达式为

$$r(t)=\begin{cases}0, & t<0\\ \dfrac{1}{2}At^2, & t\geqslant 0\end{cases} \tag{3-5}$$

式中,A 为常量,当 $A=1$ 时,称为单位抛物线信号。

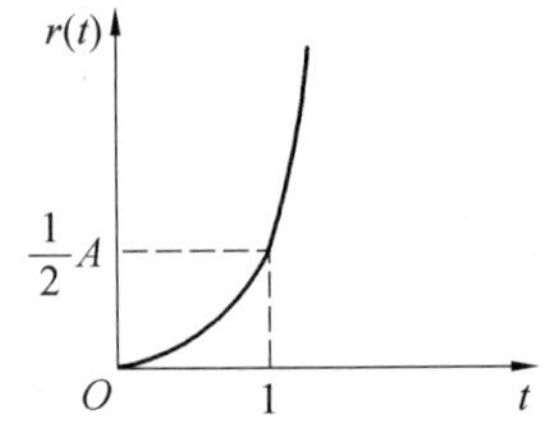

图 3－3　抛物线信号

对式(3－5)进行拉氏变换,其为

$$R(s)=\frac{A}{s^3} \tag{3-6}$$

在工程实践中,抛物线信号和斜坡信号常用作为随动系统的典型输入信号。

(四)脉冲信号

脉冲信号可以表示输入信号持续时间极短、幅值极大,而信号的能量为常值的一种奇异信号,如图 3－4 所示,其时域数学表达式为

$$\begin{cases} r(t)=\begin{cases}\dfrac{A}{\tau}, & 0\leqslant t\leqslant\tau\\ 0, & t<0,t>\tau\end{cases}\\ \displaystyle\int_{-\infty}^{+\infty} r(t)\,\mathrm{d}t=A\end{cases} \tag{3-7}$$

式中,τ 为脉冲信号的宽度;A 为脉冲强度。

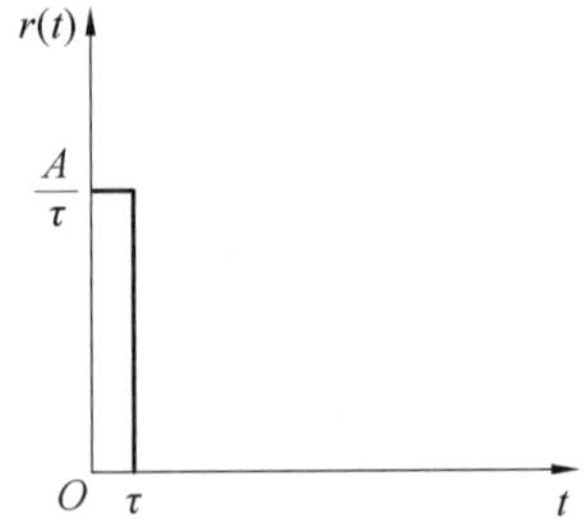

图 3－4　脉冲信号

当 $\tau\to 0$、$A=1$ 时,称为理想单位脉冲信号,如图 3－5 所示,记为 $\delta(t)$。

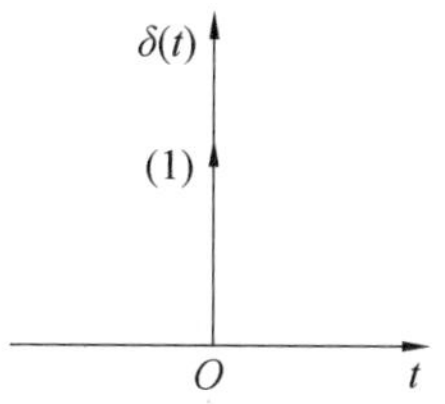

图 3－5　单位脉冲信号

理想脉冲信号的拉氏变换为

$$R(s)=1 \tag{3-8}$$

理想单位脉冲信号是不存在的，它只有数学上的意义。在工程实践中，飞机飞行中遇到的阵风、雷电等均可视为脉冲信号。

（五）正弦信号

正弦信号是一种常见的典型信号，如图 3－6 所示，其时域数学表达式为

$$r(t)=\begin{cases}0, & t<0\\ A\sin\omega t, & t\geqslant 0\end{cases} \tag{3-9}$$

式中，A 为正弦信号的幅值；ω 为正弦信号的角频率。

对式(3－9)进行拉氏变换，其为

$$R(s)=\frac{A\omega}{s^2+\omega^2} \tag{3-10}$$

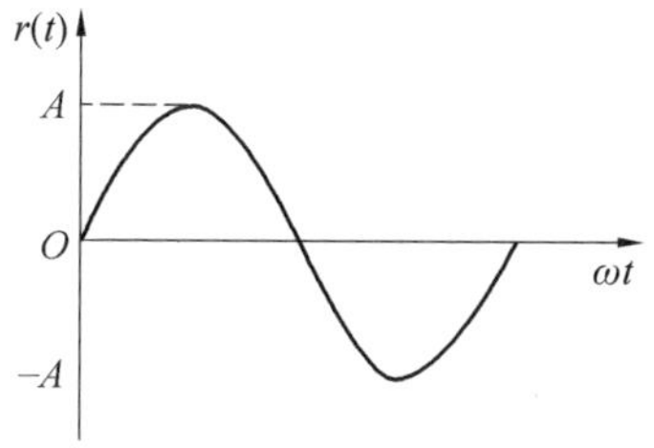

图 3－6　正弦信号

在工程实践中，机械振动的噪声、海浪对船只的扰动等均可视为正弦信号。

二、控制系统的性能指标

对于控制系统的时域分析而言，其任务远不止于简单地求解系统的时域响应或初步分析系统的运动特征。关键在于，通过深入的分析，为控制系统达到预期的控制效果提供坚实的依据，进而指导控制系统的设计。一个性能稳定的控制系统，其时域响应通常由两

个核心部分组成：瞬态响应与稳态响应。瞬态响应描述的是系统从初始状态逐渐过渡到最终状态的整个过程，它直接反映了系统的动态性能优劣。而稳态响应，则是指在时间 t 趋近于无穷大的情况下，系统输出状态所呈现出的稳定状况，它表征了系统输出量最终能够复现输入量的准确程度，是衡量系统稳态精度的重要指标。因此，为了全面、客观地评价控制系统的性能优劣，我们通常需要借助系统的动态性能指标和稳态性能指标来进行定量化的衡量与评估。

（一）动态性能指标

动态性能指标，是指稳定的控制系统在单位阶跃信号作用下，响应 $c(t)$ 在瞬态过程中随时间 t 变化状况的指标。稳定系统的阶跃响应一般具有振荡收敛和单调收敛两种类型，在零初始条件下系统的单位阶跃响应曲线 $c(t)$ 如图 3－7 和图 3－8 所示。

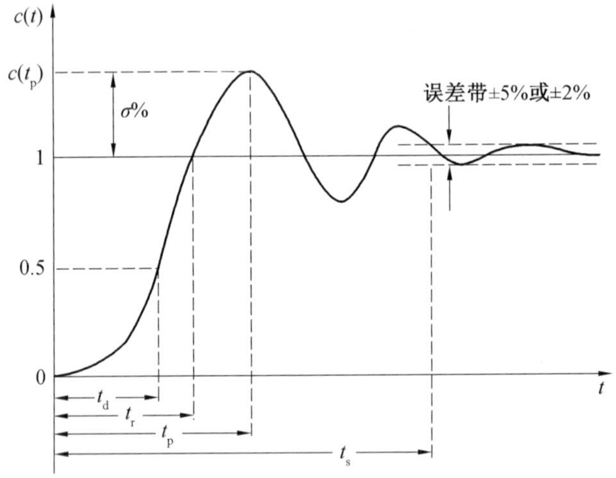

图 3－7　系统的单位阶跃振荡响应及性能指标

常用的动态性能指标如下所述：

延迟时间 t_d：指响应曲线 $c(t)$ 第一次到达稳态值 $c(\infty)$ 的 50% 所需的时间。

上升时间 t_r：指响应曲线 $c(t)$ 稳态值 $c(\infty)$ 从 10% 上升到 90% 所需的时间，对于有振荡的系统，可定义为从 0 时刻到第一次达到稳态值 $c(\infty)$ 所需的时间。

峰值时间 t_p：指响应曲线 $c(t)$ 越过稳态值达到第一个峰值所需的时间。

超调量 $\sigma\%$：指在响应过程中，超出稳态值 $c(\infty)$ 的最大偏差与稳态值 $c(\infty)$ 的百分比，即

$$\sigma\% = \frac{c(t_p) - c(\infty)}{c(\infty)} \times 100\% \tag{3-11}$$

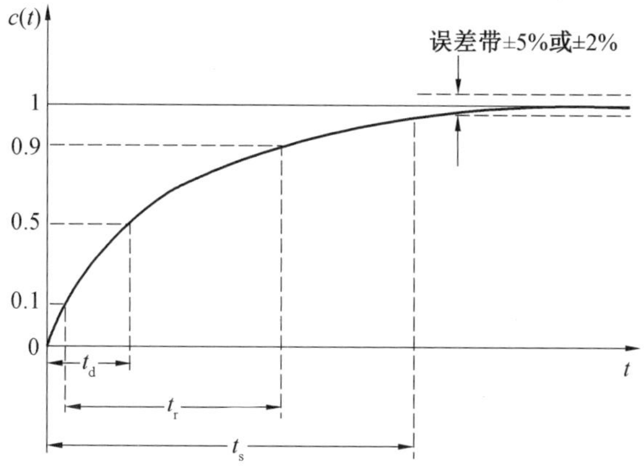

图 3－8　系统的单位阶跃单调响应及性能指标

调节时间 t_s：指响应曲线到达并保持在稳态值 $c(\infty)$ 的 $\pm 5\%$ 或 $\pm 2\%$ 的误差范围内所需的最短时间。

上述五项性能指标中，延迟时间 t_d、上升时间 t_r 和峰值时间 t_p 表征了系统响应初始阶段的响应速度；调节时间 t_s 则表明系统响应动态过程的持续时间和系统的响应速度，后续在分析系统时，将侧重以调节时间 t_s 来评价系统的快速性；超调量 $\sigma\%$ 反映系统的动态过程的平稳性。

(二) 稳态性能指标

稳态性能指标一般用稳态误差 e_{ss} 表征。e_{ss} 表示当时间趋于无穷时，系统的输入信号 $r(t)$（也称期望值）与实际输出 $c(t)$ 的误差，即

$$e_{ss}=\lim_{t\to\infty}(r(t)-c(t)) \tag{3-12}$$

稳态误差反映了系统的准确性，是系统控制精度或抗干扰能力的一个重要指标，稳态误差越小，说明系统的准确性越高。

第二节　一阶、二阶与高阶系统的时域分析

一、一阶系统的时域分析

当控制系统的时域数学模型为一阶微分方程，则称其为一阶系统。在工程实践中应用广泛，如 RC 电路、发电机、冰箱、加热器等控制系统均可视为一阶系统。

(一) 一阶系统的数学模型

设一阶系统的微分方程为

$$T\frac{\mathrm{d}c(t)}{\mathrm{d}t}+c(t)=r(t) \tag{3-13}$$

式中，T 为时间常数；$c(t)$ 为输出信号；$r(t)$ 为输入信号。

该一阶系统的结构图如图 3－9 所示，其闭环传递函数为

$$\Phi(s)=\frac{C(s)}{R(s)}=\frac{1}{Ts+1} \tag{3-14}$$

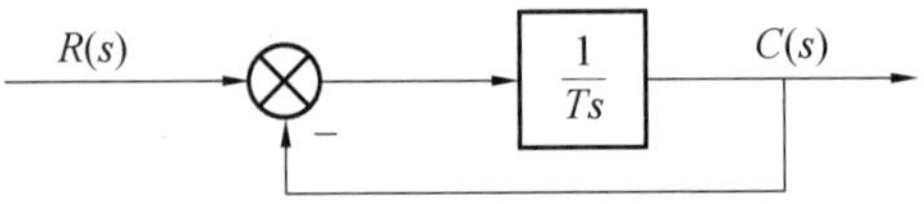

图 3－9　一阶系统的结构图

(二) 一阶系统的时域响应及性能分析

1. 单位阶跃响应

系统在零初始条件下，单位阶跃信号作用下的输出响应称为单位阶跃响应。单位阶跃信号的拉氏变换为 $R(s)=\frac{1}{s}$，由式(3－14) 得系统输出量的拉氏变换为

$$C(s)=\Phi(s)R(s)=\frac{1}{Ts+1}\cdot\frac{1}{s}=\frac{1}{s}-\frac{1}{s+\frac{1}{T}}$$

对上式取拉氏反变换得单位阶跃响应为

$$c(t)=1-\mathrm{e}^{-\frac{1}{T}t}\quad(t\geqslant 0) \tag{3-15}$$

由式(3－15) 得一阶系统的单位阶跃响应曲线，如图 3－10 所示。

由图 3－10 可知，一阶系统的单位阶跃响应特点及系统的性能指标如下。

(1) 系统的输出响应从零时刻开始按指数规律上升，响应无振荡，最终 $c(\infty)=1$，则稳态误差 $e_{ss}=0$。

(2) 响应曲线的初始斜率为 $1/T$，表明一阶系统的单位阶跃响应若以初始速度等速上升至 $c(\infty)$，所需要的时间恰好为时间常数 T。因此，在确定时间常数时，通常可以用实验方法来测定时间常数。

(3) 时间常数 T 是系统唯一参数，从响应曲线可知，当 $t=T$ 时，$c(t)\approx 0.632$；而当 t 分别为 $2T$、$3T$ 和 $4T$ 时，$c(t)$ 的数值分别达到 $c(\infty)$ 的 86.5%、95% 和 98.2%。

(4) 由于一阶系统单位阶跃响应没有超调量，故其性能指标主要是调节时间 t_s 为 $3T$(±5% 误差带) 或 $4T$(±2% 误差带)。可见，系统的时间常数 T 越小，调节时间 t_s 越

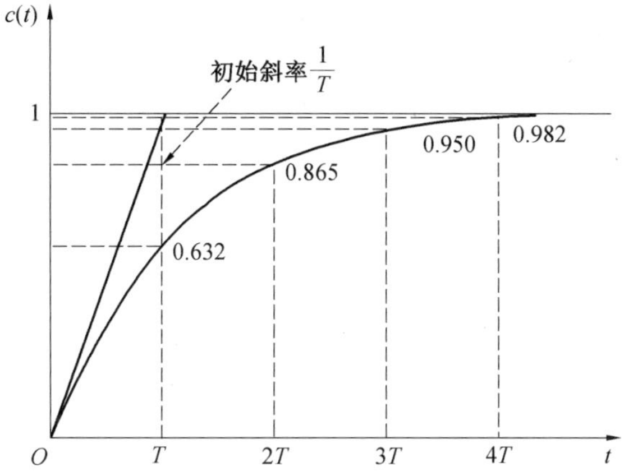

图 3－10　一阶系统的单位阶跃响应曲线

小，系统响应趋向于稳态值的速度越快。

2. 单位脉冲响应

系统在零初始条件下，单位脉冲信号作用下的输出响应称为单位脉冲响应。单位脉冲信号的拉氏变换为 $R(s)=1$，由式(3－14)得系统的输出量为

$$C(s)=\Phi(s)R(s)=\frac{1}{Ts+1}$$

对上式取拉氏反变换，得单位脉冲响应为

$$c(t)=\frac{1}{T}e^{-\frac{1}{T}t}\quad(t\geqslant 0)\tag{3－16}$$

由式(3－16)得单位脉冲响应曲线，如图 3－11 所示。

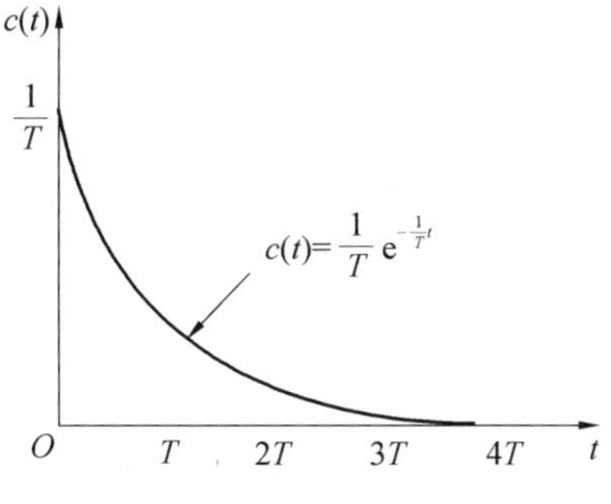

图 3－11　一阶系统的单位脉冲响应曲线

3. 单位斜坡响应

系统在零初始条件下，单位斜坡信号作用下的输出响应称为单位斜坡响应。单位斜坡信号的拉氏变换为 $R(s)=\frac{1}{s^2}$，由式(3－14)得系统的输出量为

$$C(s)=\Phi(s)R(s)=\frac{1}{Ts+1}\cdot\frac{1}{s^2}=\frac{1}{s^2}-\frac{T}{s}+\frac{T}{s+\frac{1}{T}}$$

对上式取拉氏反变换，得单位斜坡响应为

$$c(t)=t-T+T\mathrm{e}^{-\frac{1}{T}}\quad(t\geqslant 0)\tag{3-17}$$

由式(3－17)得单位斜坡响应曲线，如图3－12所示。

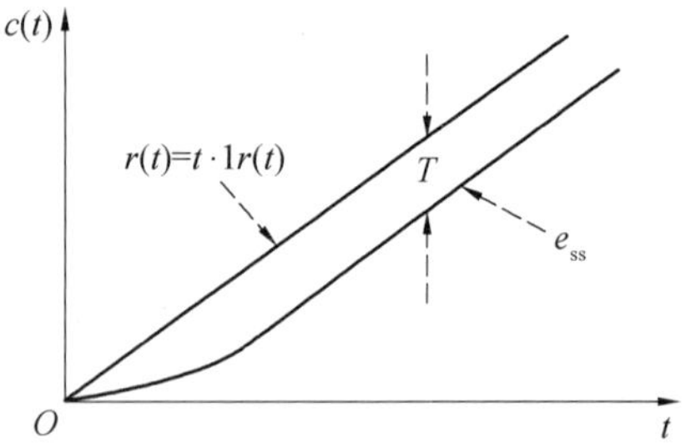

图3－12　一阶系统的单位斜坡响应曲线

由图3－12可以看出，经过一段时间，一阶系统的输出响应能同步跟随输入信号的变化，但是始终存在误差。根据稳态误差的定义得

$$e_{ss}=\lim_{t\to\infty}[t\cdot 1(t)-c(t)]=T\tag{3-18}$$

上式表明，一阶系统在单位斜坡信号作用下，系统稳态误差 e_{ss} 与时间常数成正比。

二、二阶系统的时域分析

由二阶微分方程所精确描述的系统，通常称之为二阶系统。在实际工程领域广泛而深入的应用实践中，诸如RLC电路、机械位移控制系统以及电机调速系统等，都可以被看作是二阶系统的典型代表。这些系统以其独特的动态特性，展示了二阶系统在工程实际中的广泛应用价值。此外，在对高阶系统进行深入探究的过程中，当这些高阶系统满足某些特定条件或处于某些特定的工作情形下，它们的动态特性可以近似地通过二阶系统的相关理论框架来进行分析和研究。这种近似分析的方法，不仅简化了复杂系统的处理过程，也为我们提供了理解和预测系统行为的有力工具。因此，二阶系统的分析不仅具有深厚的理论价值，更在实际工程应用中展现出了其不可替代的重要意义。

(一)二阶系统的数学模型

设二阶系统的微分方程为

$$\frac{\mathrm{d}^2c(t)}{\mathrm{d}t^2}+2\zeta\omega\frac{\mathrm{d}c(t)}{\mathrm{d}t}+\omega_{\mathrm{n}}c(t)=\omega_{\mathrm{n}}^2r(t)\tag{3-19}$$

式中，$r(t)$ 为系统的输入信号；$c(t)$ 为系统的输出信号；ζ 为系统的阻尼比；ω_n 为系统的无阻尼自然振荡频率。

典型二阶系统的动态结构图如图 3－13 所示。

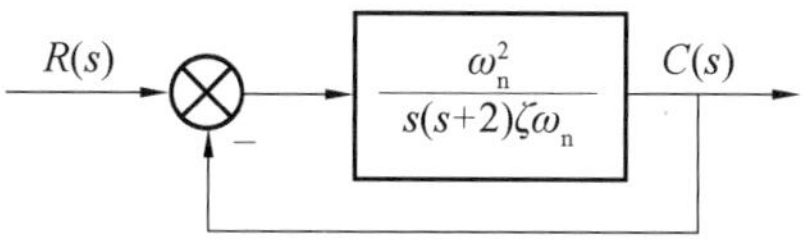

图 3－13　二阶系统的动态结构图

对式(3－19)取拉氏变换，可得二阶系统闭环传递函数为

$$\Phi(s)=\frac{C(s)}{R(s)}=\frac{\omega_n^2}{s^2+2\zeta\omega_n s+\omega_n^2} \tag{3-20}$$

由式(3－20)可得二阶系统的特征方程为 $s^2+2\zeta\omega_n s+\omega_n^2=0$，方程的特征根为

$$s_{1,2}=-\zeta\omega_n\pm\omega_n\sqrt{\zeta^2-1} \tag{3-21}$$

式(3－21)表明，二阶系统的特征根与阻尼比 ζ、无阻尼自然振荡频率 ω_n 有关，可见不同的 ζ 值，其特征根 s_1、s_2 的性质是不同的。下面将根据特征根情况介绍二阶系统的单位阶跃响应。

（二）二阶系统的单位阶跃响应

1. 无阻尼($\zeta=0$)情况

当阻尼比 $\zeta=0$ 时，系统的特征根为一对共轭纯虚根 $s_{1,2}=\pm j\omega_n$。由式(3－21)可得输出的拉氏变换为

$$C(s)=\frac{\omega_n^2}{s^2+\omega_n^2}\cdot\frac{1}{s}=\frac{1}{s}-\frac{s}{s^2+\omega_n^2}$$

其拉氏反变换为

$$c(t)=1-\cos\omega_n t\quad(t\geqslant 0) \tag{3-22}$$

式(3－22)表明，当 $\zeta=0$ 时，系统的单位阶跃响应为等幅振荡余弦波形，其振荡频率为 ω_n，故 ω_n 称为无阻尼自然振荡频率。

2. 欠阻尼($0<\zeta<1$)情况

当阻尼比 $0<\zeta<1$ 时，由式(3－21)可得系统的特征根为一对共轭复根，为

$$s_{1,2}=-\zeta\omega_n\pm j\omega_n\sqrt{1-\zeta^2}$$

其在复平面的分布及参数关系，如图 3－14 所示。

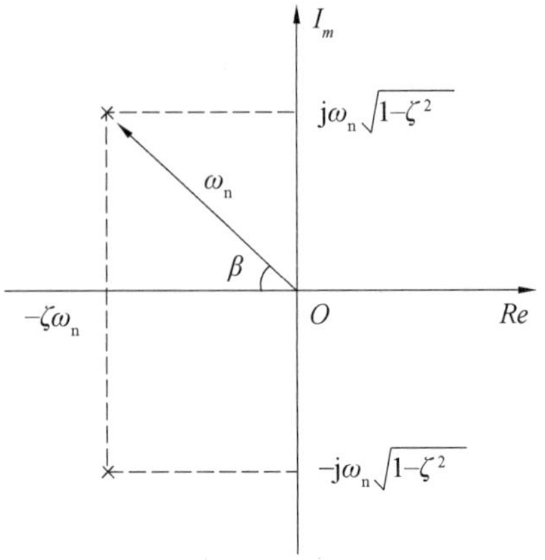

图 3－14 欠阻尼系统特征根及参数关系

令 $\omega_d=\omega_n\sqrt{1-\zeta^2}$，称 ω_d 为阻尼振荡频率。欠阻尼二阶系统输出的拉氏变换为

$$C(s)=\frac{\omega_n^2}{s^2+2\zeta\omega_n s+\omega_n^2}\cdot\frac{1}{s}=\frac{\omega_n^2}{(s+\zeta\omega_n)^2+\omega_d^2}\cdot\frac{1}{s}$$

$$=\frac{1}{s}-\frac{s+\zeta\omega_n}{(s+\zeta\omega_n)^2+\omega_d^2}-\frac{\zeta\omega_n}{(s+\zeta\omega_n)^2+\omega_d^2}$$

$$=\frac{1}{s}-\frac{s+\zeta\omega_n}{(s+\zeta\omega_n)^2+\omega_d^2}-\frac{\zeta}{\sqrt{1-\zeta^2}}\,\frac{\omega_d}{(s+\zeta\omega_n)^2+\omega_d^2}$$

取拉氏反变换得

$$c(t)=1-e^{-\zeta\omega_n t}\cos\omega_d t-\frac{\zeta}{\sqrt{1-\zeta^2}}\sin\omega_d t$$

$$=1-\frac{e^{-\zeta\omega_n t}}{\sqrt{1-\zeta^2}}\left(\sqrt{1-\zeta^2}\cos\omega_d t+\zeta\sin\omega_d t\right)$$

由图 3－14 可得 $\sin\beta=\sqrt{1-\zeta^2}$，$\cos\beta=\zeta$，$\tan\beta=\frac{\sqrt{1-\zeta^2}}{\zeta}$。

则欠阻尼二阶系统的单位阶跃响应为

$$c(t)=1-\frac{e^{-\zeta\omega_n t}}{\sqrt{1-\zeta^2}}(\sin\beta\cos\omega_d t+\cos\beta\sin\omega_d t)$$

$$=1-\frac{e^{-\zeta\omega_n t}}{\sqrt{1-\zeta^2}}\sin(\omega_d t+\beta)\quad(t\geqslant 0)\tag{3-23}$$

由式(3－23)可见，二阶系统在欠阻尼时，系统响应由稳态分量和瞬态分量两部分组成。稳态分量为 1，瞬态分量随时间 t 衰减振荡，其振荡频率为 ω_d。

3. 临界阻尼($\zeta=1$)情况

当阻尼比 $\zeta=1$ 时，特征根 $s_{1,2}=-\omega_n$，是一对重负实根。系统输出的拉氏变换为

$$C(s)=\frac{\omega_n^2}{(s+\omega_n)^2}\cdot\frac{1}{s}=\frac{1}{s}-\frac{1}{s+\omega_n}-\frac{\omega_n}{s+\omega_n}$$

对上式取拉氏反变换得

$$c(t)=1-\mathrm{e}^{\omega_n t}(1+\omega_n t)\quad(t\geqslant 0)\tag{3-24}$$

由式(3－24)可见，系统在临界阻尼时，系统响应无振荡、无超调，单调上升曲线。

4. 过阻尼($\zeta>1$)情况

当阻尼比 $\zeta>1$ 时，特征根 $s_{1,2}=-\zeta\omega_n\pm\omega_n\sqrt{\zeta^2-1}$，为两个不相等的负实根。系统输出的拉氏变换为

$$C(s)=\Phi(s)R(s)=\frac{\omega_n^2}{s(s-s_1)(s-s_2)}=\frac{A_0}{s}+\frac{A_1}{s-s_1}+\frac{A_2}{s-s_2}$$

式中，A_0、A_1、A_2 为待定系数。

取拉氏反变换可得

$$c(t)=A_0+A_1\mathrm{e}^{s_1 t}+A_2\mathrm{e}^{s_2 t}\quad(t\geqslant 0)\tag{3-25}$$

可见，二阶系统在过阻尼情况下，系统的输出响应随时间 t 单调上升，无振荡和无超调。由于特征根为负实根，因此输出响应最终收敛于稳态值 A_0 上。

从以上讨论可以看出，二阶系统有两个参数 ω_n 和 ζ，其中阻尼比 ζ 是二阶系统的重要特征参数，不同阻尼比的二阶系统的单位阶跃响应区别很大，如图 3－15 所示。

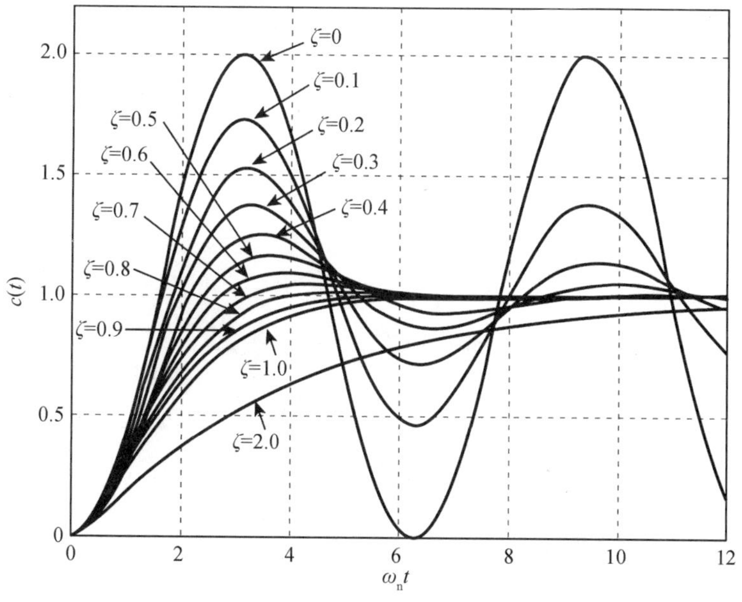

图 3－15　不同阻尼比二阶系统阶跃响应曲线

由图 3－15 可以看出，在欠阻尼情况下，阻尼比 ζ 越小，系统的响应振荡越强，阻尼比 ζ 越大，振荡越弱。在临界阻尼和过阻尼情况下，响应曲线变为单调，并且随着 ζ 变大，系统过渡到稳态值的时间越长。在零阻尼情况下，响应曲线为等幅振荡，属于不稳定系统。

三、高阶系统的时域分析

采用三阶及三阶以上微分方程来精确描述的系统，通常称之为高阶系统。在控制工程的广阔领域中，几乎所有的控制系统都可以被视作是高阶系统的具体实例。然而，高阶微分方程的求解过程往往相当复杂，这给高阶系统的时域分析以及动态性能指标的计算带来了不小的挑战。为了简化系统的分析过程并便于系统的设计，我们通常会抓住系统的主要矛盾，而忽略那些相对次要的因素。具体而言，可以利用闭环主导极点的概念，将高阶系统近似为一阶或二阶系统，从而更为便捷地估算出高阶系统的各项性能指标。这种方法不仅实用有效，而且为我们深入理解和优化控制系统提供了有力的支持。

设高阶系统闭环传递函数一般表达式为

$$\Phi(s)=\frac{C(s)}{R(s)}=\frac{b_0 s^m+b_1 s^{m-1}+\cdots+b_{m-1}s+b_m}{a_0 s^n+a_1 s^{n-1}+\cdots+a_{n-1}s+a_n}\quad(n\geqslant m)\tag{3-26}$$

假设系统的实极点为 $s_j=-p_j$，共轭复极点为 $s_{l,l+1}=-\zeta_j\omega_{\mathrm{n}k}+\mathrm{j}\omega_{\mathrm{d}k}$，系统的零点为 $s_i=-z_i$。将式(3－26)写成传递函数零极点形式，即

$$\begin{aligned}\Phi(s)=\frac{C(s)}{R(s)}&=\frac{K^*\prod_{i=1}^{m}(s+z_i)}{\prod_{j=1}^{q}(s+p_j)\prod_{k=1}^{l}(s^2+2\zeta_k\omega_{\mathrm{n}k}s+\omega_{\mathrm{n}k}^2)}\\&=\frac{K^*\prod_{i=1}^{m}(s+z_i)}{\prod_{j=1}^{q}(s+p_j)\prod_{k=1}^{l}[(s+\zeta_k\omega_{\mathrm{n}k})^2+\omega_{\mathrm{d}k}^2]}\end{aligned}\tag{3-27}$$

式中，$q+2l=n$，设 p_j、ζ_k、$\omega_{\mathrm{n}k}$、$\omega_{\mathrm{d}k}$ 均大于零。

设系统的输入信号为单位阶跃信号，系统的输出响应为

$$\begin{aligned}C(s)&=\frac{K^*\prod_{i=1}^{m}(s+z_i)}{\prod_{j=1}^{q}(s+p_j)\prod_{k=1}^{l}[(s+\zeta_k\omega_{\mathrm{n}k})^2+\omega_{\mathrm{d}k}^2]}\cdot\frac{1}{s}\\&=\frac{A_0}{s}+\sum_{j=1}^{q}\frac{A_j}{s+p_j}+\sum_{k=1}^{l}\frac{B_k(s+\zeta_k\omega_{\mathrm{n}k})+C_k\omega_{\mathrm{d}k}}{(s+\zeta_k\omega_{\mathrm{n}k})^2+\omega_{\mathrm{d}k}^2}\end{aligned}\tag{3-28}$$

对上式进行拉氏反变换可得

$$c(t)=A_0+\sum_{j=1}^{q}A_j\mathrm{e}^{-p_j t}+\sum_{k=1}^{l}D_k\sin\left(\omega_{\mathrm{d}k}t+\beta_k\right)\quad(t\geqslant 0)\tag{3-29}$$

式中，$A_0=C(s)s\mid_{s=0}$；$A_i=C(s)(s+p_i)\mid_{s=-p_i}$；$\omega_{\mathrm{d}k}=\omega_{\mathrm{n}k}\sqrt{1-\zeta_k}$；$D_k=\sqrt{B_k^2+C_k^2}$；$B_k$ 和 C_k 为 $C(s)$ 在对应极点处的留数。

由上述分析可得出以下几点：

(1) 系统的单位阶跃响应可以明确地划分为稳态分量和瞬态分量两大部分，这两部分分别由一阶系统和二阶系统的响应特性叠加而成。其中，稳态分量与输入信号的特性紧密相关，而瞬态分量的具体形式则完全由系统闭环传递函数的极点性质所决定。

(2) 系统闭环传递函数的极点离虚轴的距离，直接决定了响应瞬态分量的衰减速度。具体来说，极点离虚轴越远，瞬态分量的衰减速度就越快；相反，极点离虚轴越近，其对应的瞬态分量衰减就越慢，并且在瞬态过程中所占的比重也就越大。特别地，如果一个极点或一对共轭极点离虚轴最近，且周围没有其他零极点干扰，同时其实部的绝对值比其他极点实部的绝对值小 5 倍以上，那么我们就称这个极点为系统的主导极点。

(3) 在闭环系统中，如果一个零点和一个极点相距非常近，通常将它们称为一对偶极子。这对偶极子在瞬态响应中的影响非常小，几乎可以忽略不计。在控制工程中，一般认为如果一对零极点的距离比它们离虚轴的距离小一个数量级，那么就可以认为这对零极点是偶极子对。

总之，在分析和设计高阶系统时，如果能够找到一个实数主导极点或一对共轭复数主导极点，那么高阶系统就可以近似地看作是一阶系统或二阶系统来进行分析。因此，只要熟悉一阶系统的响应特性和二阶系统欠阻尼响应的特征，并结合系统闭环零极点的特性，就不难对高阶系统进行深入的分析和设计。

第三节　系统的稳定性与稳态特性

一、系统的稳定性分析

在分析控制系统时，首要关注的是系统的稳定性。因为如果一个控制系统缺乏稳定性，那么在受到外界干扰后，系统将难以维持预定的工作状态，随着时间的推移，系统的运动状态可能会逐渐发散，或者产生剧烈的振荡，最终导致系统的损坏。因此，深入分析系统的稳定性，并提出切实有效的保证系统稳定的方法，是设计控制系统过程中不可或缺的基本任务之一。

（一）系统稳定的概念

在实际应用场景中，所有的控制系统都不可避免地会受到外界的各种干扰，从而偏离其平衡工作状态。我们所说的系统稳定性具体指的是：当系统受到扰动作用而偏离平衡工作状态时，一旦扰动消失，系统能够依靠自身的调节机制，逐步恢复到原来的平衡工作状态的能力。相反，如果扰动消失后，系统无法恢复到原先的平衡工作状态，那么就称这样的系统为不稳定系统。

下面通过单摆和倒立摆，来更加直观地理解系统的稳定性。如图 3－16(a) 所示的单摆示意图，在外界干扰作用下，摆球从原平衡工作状态 A 点向左偏移到 B 点；当外力消失后，摆球在重力作用下，由于惯性原因，摇摆回到 A 点并继续偏移到 C 点。此后摆球围绕 A 点左右摇摆，经过一段时间，在空气阻力和摩擦力的阻碍下，最后重新回到 A 点，故称单摆在 A 点是稳定的。反之，如图 3－16(b) 所示的倒立摆，在外力作用下，摆球偏离平衡工作状态 D 点，即使外力消失，摆球也不能回到原来平衡工作点 D 点，此时称倒立摆在 D 点不稳定。

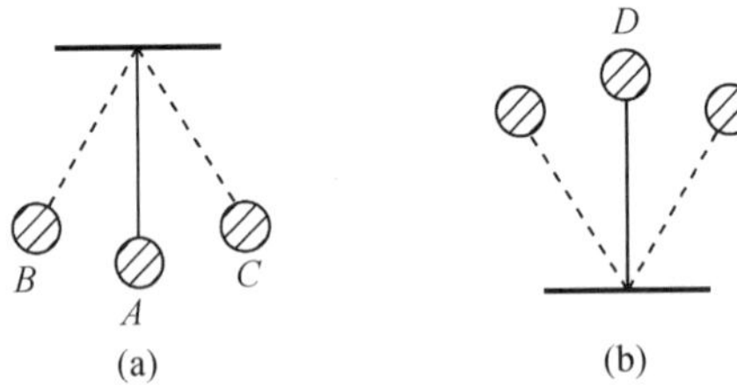

图 3－16　单摆和倒立摆

通过上述讨论，表明系统的稳定性仅取决于系统的结构和参数，与系统的外界输入无关，是系统固有特性。

（二）系统稳定的充分必要条件

设线性系统的闭环传递函数为

$$\Phi(s)=\frac{C(s)}{R(s)}=\frac{b_0 s^m+b_1 s^{m-1}+\cdots+b_{m-1}s+b_m}{a_0 s^n+a_1 s^{n-1}+\cdots+a_{n-1}s+a_n}\quad(n\geqslant m)\qquad(3-30)$$

令系统的初始条件为零，输入信号为单位脉冲信号 $\delta(t)$，系统的响应为

$$
\begin{aligned}
C(s)=\Phi(s)\cdot R(s)&=\frac{b_0 s^m+b_1 s^{m-1}+\cdots+b_{m-1}s+b_m}{a_0 s^n+a_1 s^{n-1}+\cdots+a_{n-1}s+a_n}\\
&=\frac{A_1}{s-s_1}+\frac{A_2}{s-s_2}+\cdots+\frac{A_n}{s-s_n}
\end{aligned}
\tag{3-31}
$$

式中，s_i 是系统的特征根。

对式(3－31)取拉氏反变换，可得

$$
c(t)=A_1\mathrm{e}^{s_1 t}+A_2\mathrm{e}^{s_2 t}+\cdots+A_n\mathrm{e}^{s_1 t}=\sum_{i=1}^{n}A_i\mathrm{e}^{s_i t} \tag{3-32}
$$

上式表明，当且仅当系统所有特征根的实部为负，$\lim\limits_{t\to\infty} c(t)=0$，那么系统稳定；若特征根中有一个或多个实部大于零，$\lim\limits_{t\to\infty} c(t)=\infty$，表明系统不稳定；若特征根有一对或多对实部为零的复数根，其余特征根都具有负实部，那么系统输出为等幅振荡，是临界稳定，经典控制理论中属于不稳定情况。由此可见，系统稳定的充分必要条件是：系统所有特征根 s_i 的实部小于零，即闭环传递函数的极点均分布在 s 左半平面。

(三) 劳斯稳定判据

根据系统稳定的充分必要条件可知，只要接触系统的所有特征根，就可以判定系统的稳定性。对于一阶、二阶系统，这一点很容易做到；而对于高阶系统而言，求解特征根就十分困难。19 世纪 70 年代，英国学者劳斯提出了判断系统稳定性的代数判据，称为劳斯判据。该判据是依据系统特征方程中的各项系数进行代数运算，来获得特征根在 s 平面的分布情况，依此来判断系统的稳定性。具体如下。

设系统的特征方程为

$$
a_0 s^n+a_1 s^{n-1}+\cdots+a_{n-1}s+a_n=0 \tag{3-33}
$$

其中，劳斯表的前两行由系统特征方程的系数形成，其余各行元素按下列规律计算可得

$$
b_{31}=\frac{a_1a_2-a_0a_3}{a_1}
$$

$$
b_{32}=\frac{a_1a_4-a_0a_5}{a_1}
$$

$$
b_{33}=\frac{a_1a_6-a_0a_7}{a_1}
$$

$$
b_{41}=\frac{b_{31}a_3-a_1b_{32}}{b_{31}}
$$

$$b_{42}=\frac{b_{31}a_5-a_1b_{33}}{b_{31}}$$

$$b_{43}=\frac{b_{31}a_7-a_1b_{34}}{b_{31}}$$

依此类推，一直进行到与 s^0 对应的行为止。有时为了简化运算，可以用一个正实数去乘以或除以某行的所有元素，并不影响对系统稳定性的判定。

劳斯判据：根据系统特征方程的各项系数来列写劳斯表，若劳斯表中第一列所有元素均为正值，则系统稳定；反之，若第一列元素正、负符号发生变化，那么系统就是不稳定，且元素符号变化的次数等于正实部特征根的个数。

二、系统的稳态特性分析

系统稳态误差是衡量系统控制精度的一项重要性能指标。在之前对一阶、二阶系统进行时域分析的过程中，我们发现，当系统受到不同形式的输入信号作用时，其稳态误差会呈现出不同的表现。这充分说明，稳态误差这一指标只有在系统处于稳定状态时才具有实际意义。同时，系统的稳态误差不仅受到系统本身结构参数的影响，还与输入信号的特性密切相关。

（一）系统误差与稳态误差

在一般的控制系统中，误差被定义为输出量的期望值与实际值之间的差异。然而，在控制工程实践中，系统的输入信号和输出信号往往代表两个不同的物理量，因此，系统误差可以根据其考察的角度不同而有两种定义方式：一种是从输入端出发进行定义；另一种则是从输出端出发进行定义。为了更直观地理解这一点，可以参考控制系统典型结构图，如图 3－17 所示。

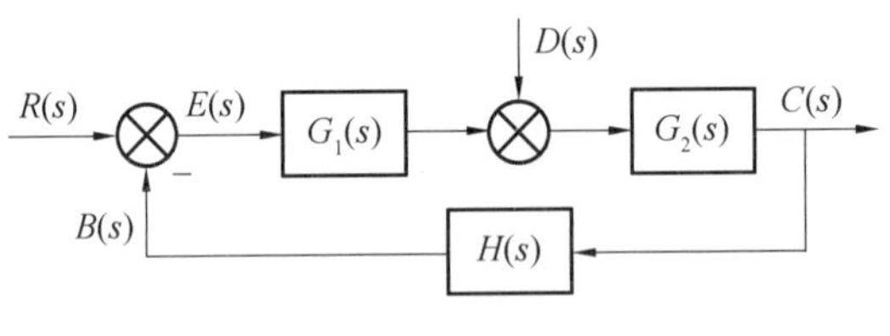

图 3－17　控制系统典型结构图

(1) 从输入端定义：系统的误差为输入信号与反馈信号之差，即 $e(t)=r(t)-b(t)$。在实际工程中，该误差可以被测量出来，具有一定的物理意义。本书关于误差分析与计算均采用该定义。

(2) 从输出端定义：系统的误差为输出量的期望值与实际值之差，一般把输入信号看作期望值，即 $e(t)=r(t)-c(t)$。该误差在分析系统性能指标中经常使用，因而只有一定的数学意义。当系统的反馈通道传递函数 $H(s)=1$ 时，上述两种定义的误差表达式将会相同。

对于参考输入信号和扰动信号同时作用下的系统，如图 3－17 所示，其系统误差为

$$E(s)=E_{\mathrm{R}}(s)+E_{\mathrm{D}}(s) \tag{3-34}$$

式中，$E_{\mathrm{R}}(s)$ 是参考输入信号作用下的误差分量；$E_{\mathrm{D}}(s)$ 是扰动信号作用下的误差分量。

由图 3－17 得出两个输入信号作用下的误差传递函数分别为

$$\Phi_{\mathrm{ER}}(s)=\frac{E_{\mathrm{R}}(s)}{R(s)}=\frac{1}{1+G_1(s)G_2(s)H(s)}$$

$$\Phi_{\mathrm{ED}}(s)=\frac{E_{\mathrm{D}}(s)}{D(s)}=\frac{-G_2(s)H(s)}{1+G_1(s)G_2(s)H(s)}$$

则

$$E(s)=\frac{1}{1+G_1(s)G_2(s)H(s)}\cdot R(s)+\frac{-G_2(s)H(s)}{1+G_1(s)G_2(s)H(s)}\cdot D(s) \tag{3-35}$$

系统误差 $e(t)$ 可以看作是系统的误差响应。当时间 t 趋于无穷时，误差 $e(t)$ 的极限就是系统的稳态误差，即 $e_{\mathrm{ss}}=\lim\limits_{t\to\infty} e(t)$。由拉氏变换的终值定理可得

$$\begin{aligned} e_{\mathrm{ss}} &= \lim_{t\to\infty} e(t)=\lim_{s\to 0} sE(s) \\ &= \lim_{s\to 0} sE_{\mathrm{R}}(s)+\lim_{s\to 0} sE_{\mathrm{D}}(s)=e_{\mathrm{ssr}}+e_{\mathrm{ssd}} \end{aligned} \tag{3-36}$$

式中，e_{ssr} 是参考输入信号作用下的稳态误差；e_{ssd} 是扰动信号作用下的稳态误差。

根据上述讨论可知，系统的稳态误差不仅与系统的结构参数有关，还与输入信号的形式或作用点有关。

(二) 减小或消除稳态误差的措施

系统稳态误差的产生，除了与外部输入作用有关外，主要还取决于系统中积分环节的个数以及开环增益的大小。为了有效减小或消除系统的稳态误差，一种常见的方法是增加系统中的积分环节个数，或者适当增大开环增益。然而，需要注意的是，一般系统中的积分环节数量不宜超过两个，同时开环增益也不能无限制地增大。因为过多的积分环节或过大的开环增益都可能导致系统动态性能恶化，甚至引发系统的不稳定。因此，在稳态精度、动态性能和稳定性之间，始终存在着一种需要权衡的矛盾。为了在保证系统稳定的前提下提高稳态精度，可以采用复合控制的策略，通过巧妙地结合多种控制方式，来有效

地减小系统的稳态误差。

1.按输入补偿的复合控制

设系统如图 3－18 所示，在输入端增加一补偿环节 $G_r(s)$，这时系统的闭环传递函数为

$$\Phi(s)=\frac{C(s)}{R(s)}=\frac{G_1(s)G_2(s)+G_r(s)G_2(s)}{1+G_1(s)G_2(s)} \tag{3-37}$$

系统的稳态误差为

$$\begin{aligned}E(s)&=R(s)-C(s)=R(s)[1-\Phi(s)]\\&=R(s)\left[1-\frac{G_1(s)G_2(s)+G_r(s)G_2(s)}{1+G_1(s)G_2(s)}\right]\\&=R(s)\cdot\frac{1-G_r(s)G_2(s)}{1+G_1(s)G_2(s)}\end{aligned} \tag{3-38}$$

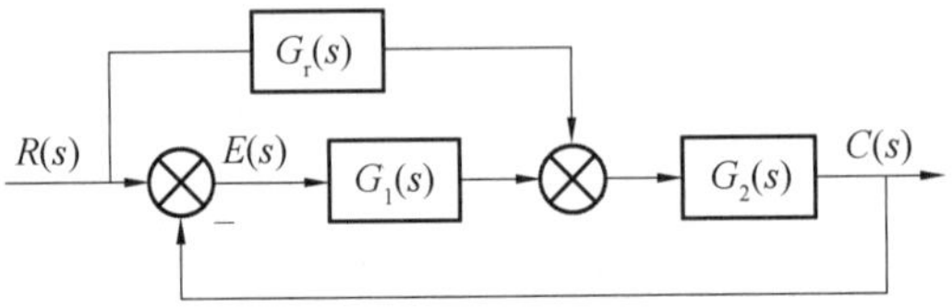

图 3－18 输入补偿的复合控制系统

如果 $1-G_r(s)G_2(s)=0$，即 $G_r(s)=\dfrac{1}{G_2(s)}$，$E(s)=0$。可见，增加输入补偿的复合控制，只要选取适当的补偿环节，可以减小甚至消除输入信号引起的稳态误差。同时，补偿环节 $G_r(s)$ 位于闭环回路之外，结合闭环传递函数可以得到系统的特征方程没有改变，表明输入补偿复合控制不改变原系统的稳定性。

2.按扰动补偿的复合控制

设系统如图 3－19 所示，在扰动信号端增加一补偿环节 $G_d(s)$，引入到输入信号处，这时系统的闭环传递函数为

$$\Phi_d(s)=\frac{C(s)}{D(s)}=\frac{G_2(s)+G_d(s)G_1(s)G_2(s)}{1+G_1(s)G_2(s)} \tag{3-39}$$

系统的稳态误差为

$$E(s)=-C(s)=-\Phi(s)D(s)=-\frac{G_2(s)[1+G_d(s)G_1(s)]}{1+G_1(s)G_2(s)}\cdot D(s) \tag{3-40}$$

如果 $1+G_d(s)G_1(s)=0$，即 $G_d(s)=-\dfrac{1}{G_1(s)}$，则 $E(s)=0$。显然，增加扰动补偿的复

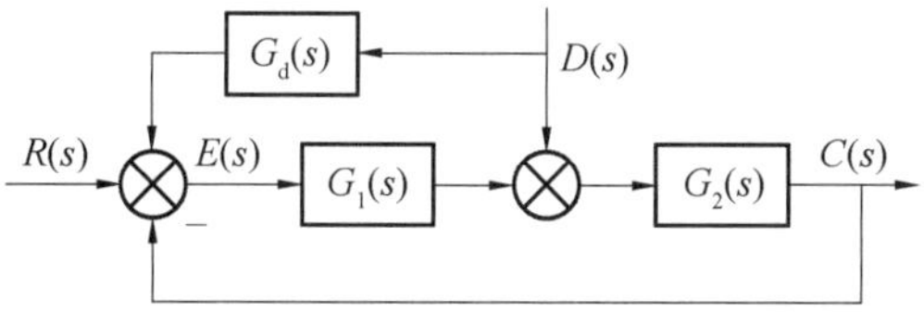

图 3－19　扰动补偿的复合控制系统

合控制，只要选取适当的补偿环节，可以减小甚至消除扰动信号引起的稳态误差，且扰动补偿复合控制也不改变原系统的稳定性。

第四节　MATLAB 在时域分析法中的应用

本节将主要介绍如何利用 MATLAB 软件来分析线性控制系统的稳定性、输出响应及性能指标。

一、时域分析时常用的 MATLAB 命令

下面给出时域分析时常用的 MATLAB 命令。

s＝roots(den)。% 求系统的特征根，其中 den 为特征多项式降幂排列的系数向量。

pzmap(sys)。% 绘制闭环传递函数的零极点分布图，"o"表示零点，"×"表示极点。

[z,p,K]＝tf2zp(num,den)。% 计算系统的零点、极点和增益，其中 num 为传递函数分子多项式降幂排列的系数向量。

step(num,den)。% 绘制单位阶跃响应曲线。

impulse(num,den)。% 绘制单位脉冲响应曲线。

y＝lsim(num,den,u,t)。% 绘制一般输入信号响应，其中 u 为输入信号。

二、应用示例

已知闭环系统传递函数为

$$\Phi(s)=\frac{C(s)}{R(s)}=\frac{10(s+2)}{(s^2+2s+5)(s+10)(s+7)(s^2+2s+1)} \tag{3-41}$$

试用 MATLAB 判断系统的稳定性。

解　MATLAB 程序及运行结果如下。

(方法一) 计算系统特征根。

```
>> a1 = [1 2 5];
```

```
>> a2 =[1 10];
>> a3 =[1 7];
>> a4 =[1 2 1];
>> den =[conv(conv(a1,a2),conv(a3,a4))];
>> s =roots(den)
```

运行结果

```
s =
-10.0000
-7.0000
-1.0000 + 2.0000i
-1.0000 - 2.0000i
-1.0000
-1.0000
```

（方法二）计算系统零极点及增益。

```
>> a1 =[1 2 5];
>> a2 =[1 10];
>> a3 =[1 7];
>> a4 =[1 2 1];
>> num =[10 20];
>> den =[conv(conv(a1,a2),conv(a3,a4))];
>> [z,p,K] =tf2zp(num,den)
```

运行结果

```
z =
-2
p =
-10.0000
-7.0000
-1.0000 + 2.0000i
-1.0000 - 2.0000i
```

```
-1.0000
-1.0000
K=
10
```

（方法三）绘制系统的零极点分布。

```
>> a1=[1 2 5];
>> a2=[1 10];
>> a3=[1 7];
>> a4=[1 2 1];
>> num=[10 20];
>> den=[conv(conv(a1,a2),conv(a3,a4))];
>> pzmap(num,den)
```

运行结果，如图 3－20 所示。

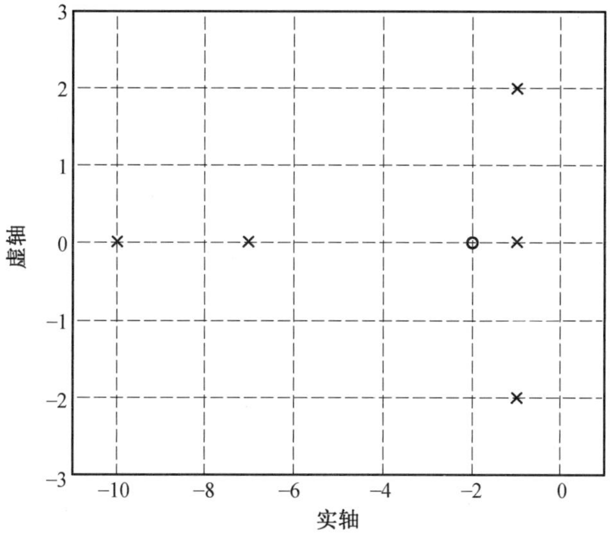

图 3－20　系统的零极点分布图

三种方法得到的结果表明系统的特征根均位于 s 的左半平面，所以系统是稳定的。

第四章　控制系统的根轨迹分析

第一节　根轨迹的基本概念

一个控制系统的稳定性，其根本决定因素在于其特征方程的根在 s 平面上的具体位置。而这些根的位置，又与系统的各项参数紧密相连。因此，在深入研究和分析系统的性能指标时，确定系统特征方程的根，即闭环极点的准确位置，就显得尤为重要。1948 年，伊文思(W. R. Evans)独创性地提出了一种图解方法，用于求解闭环特征方程的根。这种方法依据系统开环零、极点的分布情况，遵循特定的作图法则，能够绘制出系统的闭环极点在 s 平面上随某个参数变化而运动的轨迹。这种方法巧妙地避免了复杂的数学计算，因此在工程实践中得到了广泛的应用，并被命名为根轨迹法。值得一提的是，根轨迹法不仅适用于单一回路的系统分析，同样也能够用于研究多个回路的复杂系统。

一、根轨迹的定义

根轨迹是指开环系统某一个参数从零变化到无穷大时，闭环特征方程的根在 s 平面上变化的轨迹。设有二阶系统如图 4－1 所示。

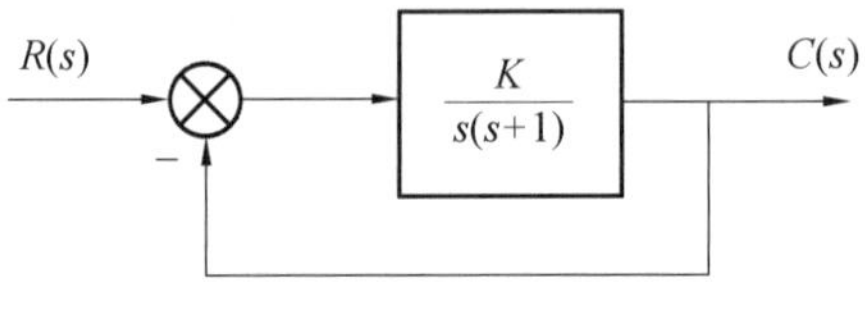

图 4－1　二阶系统框图

从图 4－1 可知，该系统的开环传递函数为

$$G(s)=\frac{K}{s(s+1)} \tag{4-1}$$

式中，K 为开环增益。

故该系统有两个开环极点 $p_1=0$、$p_2=-1$，无开环零点。该系统的闭环传递函数为

$$\Phi(s)=\frac{K}{s^{2}+s+K} \tag{4-2}$$

其闭环特征方程为 $s^2+s+K=0$，可求得系统的特征根为 $s_{1,2}=-\frac{1}{2}\pm\frac{1}{2}\sqrt{1-4K}$。将参数 K 与系统的两个特征根之间的关系分析如下：

$$K=0,s_1=0,s_2=-1$$

$$K=\frac{1}{4},s_1=s_2=-\frac{1}{2}$$

$$K=\frac{1}{2},s_1=-\frac{1}{2}+\mathrm{j}\,\frac{1}{2},s_2=-\frac{1}{2}-\mathrm{j}\,\frac{1}{2}$$

$$K=\infty,s_1=-\frac{1}{2}+\mathrm{j}\infty,s_2=-\frac{1}{2}-\mathrm{j}\infty$$

由上述分析可知，开环增益 K 从 $0\to\infty$ 变化时，用解析的方法可求出系统特征根即闭环极点，将该系统的全部闭环极点标在 s 平面上且连成两条有向实线，同时以箭头表示随着 K 的增加两条实线的变化趋势，如图 4－2 所示。该实线即为系统的根轨迹，其中标注的数值代表与闭环极点相对应的开环增益 K 的数值。

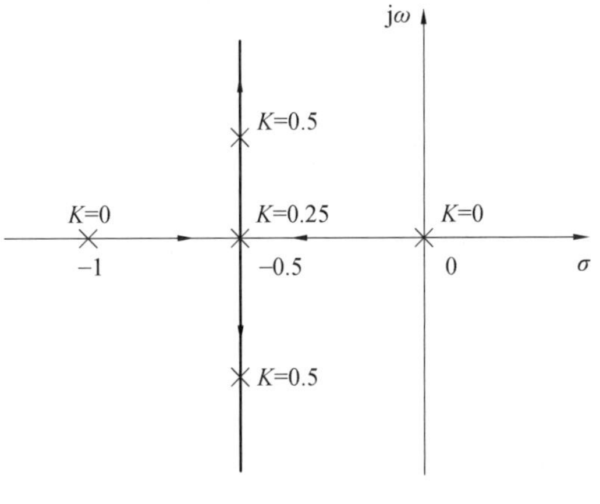

图 4－2　二阶系统的根轨迹图

二、基于根轨迹的系统性能分析

依据系统的根轨迹图，即可方便分析系统的各种性能。下面以图 4－2 为例给予说明。

（一）稳定性能

当开环增益 K 从 $0\to\infty$ 开始变化时，图 4－2 所示的根轨迹不会穿越虚轴进入 s 平面的右半部分,因此图 4－1 所示的系统对于所有 K 值均保持稳定。对于高阶系统而言,其根轨迹可能会穿越虚轴进入 s 平面的右半部分,此时根轨迹与虚轴的交点对应的 K 值即为临界开环增益。

(二) 准确性能

该系统具有一个位于坐标原点的开环极点,属于 Ⅰ 型系统。在此情况下,根轨迹上的 K 值即代表了系统的静态速度误差系数。若给定系统的稳态误差要求,则可通过根轨迹图确定闭环极点位置的允许范围。根轨迹图上通常标注的参数是根轨迹增益。

(三) 动态性能

从图 4－2 可以看出,当 $0<K<0.25$ 时,系统的两个闭环极点均位于实轴上,系统处于过阻尼状态,其单位阶跃响应为非周期过程;当 $K=0.25$ 时,两个闭环实数极点重合,系统处于临界阻尼状态,其单位阶跃响应仍为非周期过程,但响应速度较 $0<K<0.25$ 时更快;当 $K>0.25$ 时,系统存在两个闭环复数极点,处于欠阻尼状态,其单位阶跃响应为衰减振荡过程,且超调量随 K 值的增大而增大,但调节时间的变化并不显著。

上述分析充分说明了控制系统的根轨迹与其性能之间的紧密联系。然而,对于高阶系统,采用解析方法绘制根轨迹图显然是不切实际的。为此,伊文思提出了一套绘制根轨迹的基本法则,根据开环传递函数的零、极点在 s 平面上的分布,即可快速绘制出系统的根轨迹。

三、闭环零、极点与开环零、极点的关系

建立开环零、极点与闭环零、极点的关系,有助于闭环根轨迹的绘制,并方便导出根轨迹方程。设某闭环控制系统如图 4－3 所示。

该系统的闭环传递函数为

$$\Phi(s)=\frac{G(s)}{1+G(s)H(s)} \tag{4-3}$$

一般地,前向通道传递函数 $G(s)$ 和反馈通道传递函数 $H(s)$ 分别表示为

$$G(s)=\frac{K_{\mathrm{G}}(\tau_1 s+1)(\tau_2^2 s^2+2\xi_1\tau_2 s+1)\cdots}{s^v(T_1 s+1)(T_2^2 s^2+2\xi_2 T_2 s+1)\cdots}$$

$$=K_{\mathrm{G}}^{*}\frac{\prod_{i=1}^{f}(s-z_i)}{\prod_{i=1}^{q}(s-p_i)} \tag{4-4}$$

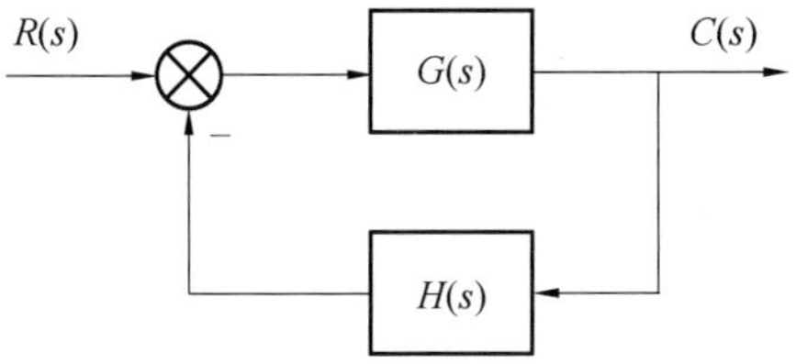

图 4－3　闭环控制系统框图

式中，K_G 为前向通路增益；K_G^* 为前向通路根轨迹增益，它们之间满足如下关系式：

$$K_G^* = K_G \frac{\tau_1 \tau_2^2 \cdots}{T_1 T_2^2 \cdots} \tag{4-5}$$

$$H(s) = K_H^* \frac{\prod_{j=1}^{l}(s - z_j)}{\prod_{j=1}^{h}(s - p_j)} \tag{4-6}$$

式中，K_H^* 为反馈通路的根轨迹增益。

于是，图 4－3 系统的开环传递函数可表示为

$$G(s)H(s) = K^* \cdot \frac{\prod_{i=1}^{f}(s - z_i)\prod_{j=1}^{l}(s - z_j)}{\prod_{i=1}^{q}(s - p_i)\prod_{j=1}^{h}(s - p_j)} \tag{4-7}$$

式中，$K^* = K_G^* K_H^*$，称为开环系统根轨迹增益，它与开环增益 K 之间仅相差了一个比例常数。

对于有 m 个开环零点和 n 个开环极点的系统，有 $f + l = m$ 和 $q + h = n$。将式(4－4)和式(4－6)代入式(4－3)，可得

$$\Phi(s) = \frac{K_G^* \prod_{i=1}^{f}(s - z_i)\prod_{j=1}^{h}(s - p_j)}{\prod_{i=1}^{n}(s - p_i) + K^* \prod_{j=1}^{m}(s - z_j)} \tag{4-8}$$

比较式(4－7)和式(4－8)，可以得出以下结论：

(1) 闭环系统的根轨迹增益与开环系统前向通路的根轨迹增益相等。在单位负反馈系统中，这一增益直接等同于开环系统的根轨迹增益。

(2) 闭环零点是由开环前向通路传递函数的零点和反馈通路传递函数的极点共同构成的。对于单位反馈系统而言，闭环零点就是开环系统的零点。

(3) 闭环极点的位置与开环零点、开环极点以及根轨迹增益 K^* 均存在关联。

根轨迹法的主要任务是：依据已知的开环零点、极点的分布以及根轨迹增益，通过图形化的方法来确定闭环极点的位置。一旦闭环极点确定，闭环传递函数的形式也随之确定，因为闭环零点可以直接通过式(4－8)计算得出。在已知闭环传递函数的情况下，可以利用拉氏变换的方法求出闭环系统的时间响应。

四、根轨迹的幅值条件和相角条件

设闭环控制系统如图4－3所示，其闭环传递函数为

$$\Phi(s)=\frac{G(s)}{1+G(s)H(s)} \tag{4-9}$$

绘制根轨迹本质上就是求解闭环特征方程的根。因此，满足方程

$$G(s)H(s)=-1 \tag{4-10}$$

的 s 值，就是该方程的根，或者说是根轨迹上的点。

式(4－10)中 $G(s)H(s)$ 是系统的开环传递函数，该式明确表示出开环传递函数与闭环极点的关系。当系统有 m 个开环零点和 n 个开环极点时，式(4－10)可写为

$$G(s)H(s)=K^{*}\frac{\prod_{j=1}^{m}(s-z_j)}{\prod_{i=1}^{n}(s-p_i)} \tag{4-11}$$

式中，z_j、p_i 分别为开环零点、开环极点；根轨迹增益 $K^{*}=0\to\infty$。

式(4－11)称为根轨迹方程，但不便直接求解，可写成幅值方程和相角方程形式

$$K^{*}=\frac{\prod_{i=1}^{n}|(s-p_i)|}{\prod_{j=1}^{m}|(s-z_j)|} \tag{4-12}$$

$$\sum_{j=1}^{m}\angle(s-z_j)-\sum_{i=1}^{n}\angle(s-p_i)=\pm(2k+1)\pi,\quad k=0,1,2,\cdots \tag{4-13}$$

式(4－12)和式(4－13)分别代表了根轨迹的幅值条件和相角条件，这两者合称为根轨迹条件方程。从这两个方程中可以看出，幅值条件与根轨迹增益 K^{*} 紧密相关，而相角条件则与 K^{*} 无关。因此，只要将满足相角条件的值代入幅值条件中，就必然能够找到一个与之对应的 K^{*} 值。这意味着，相角条件是确定 s 平面上根轨迹的充分且必要条件。

在绘制根轨迹时，主要依赖相角条件。只有当需要确定根轨迹上各点的 K^{*} 值时，才会使用到幅值条件。此外，值得注意的是，幅值条件不仅与开环系统的零极点有关，还与

开环根轨迹增益 K^* 有关;而相角条件则仅与开环系统的零极点有关。

第二节　绘制根轨迹的基本法则

绘制根轨迹需要依赖一定的基本法则,在下面的讨论中,假定所研究的变化参数是根轨迹增益 K^*。需要说明的是,这些基本法则同样也适用于其他参数为可变参数的情况。

一、根轨迹的对称性

实际系统的开环零极点和闭环零极点,它们要么是实数,要么是以共轭复数的形式出现。实数根稳稳地坐落在实轴上,而复数根 s 则在复平面上呈现出关于实轴的对称分布。根轨迹作为系统根的集合,自然而然地继承了这一对称性,其形状必然是关于实轴对称的。这一特性是根轨迹图形的一个显著且重要的特征。

二、根轨迹的分支数、起点和终点

对于 n 阶系统而言,任意的根轨迹增益 K^* 均有对应的 n 个特征根,故系统在 s 平面上有 n 条根轨迹,与系统的阶次相等。

根轨迹的起点是指 $K^*=0$ 时根轨迹的位置。由式(4－11)有

$$\frac{\prod_{j=1}^{m}(s-z_j)}{\prod_{i=1}^{n}(s-p_i)}=-\frac{1}{K^*} \tag{4-14}$$

当 $K^*=0$ 时,由式(4－14)可知

$$\prod_{i=1}^{n}(s-p_i)=0 \tag{4-15}$$

式(4－15)即为开环系统的特征方程。可见 $K^*=0$ 时,闭环极点就是开环极点,即根轨迹起于开环极点。

根轨迹的终点是指当开环根轨迹增益 $K^*=\infty$ 时根轨迹的位置。由式(4－12)有

$$\prod_{j=1}^{m}(s-z_j)=0 \tag{4-16}$$

式(4－16)表明 $K^*=\infty$ 时,闭环极点等于开环零点。若开环零点个数 m 小于开环极点个数 n,则有 $n-m$ 条根轨迹终止于 s 平面的无穷远处。通常把有限值的零点称为有限

值零点，而无穷远处的零点称为无限零点或无穷远点。

三、实轴上的根轨迹

实轴上的某一区域，若其右边开环实数零、极点个数之和为奇数，则该区域必为根轨迹。下面用相角条件来说明这个法则。设系统的开环零、极点分布如图 4－4 所示。

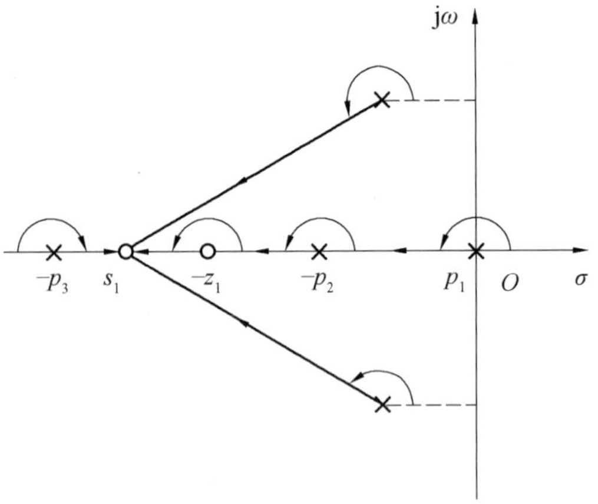

图 4－4　实轴上根轨迹的确定

在实轴上任取一个试验点 s_i，连接所有的开环极点和零点。由图 4－4 得出以下结论：

(1) 位于点 s_i 右方实轴上的每一个开环极点和零点指向该点的矢量，它们的相角均为 π 或 －π；而位于点 s_i 左方实轴上的开环极点和零点指向该点的矢量，由于其与实轴的指向一致，因而它们的相角都为 0。

(2) 一对共轭极点(或共轭零点) 指向点 s_i 的矢量的相角和为 2π，故不会影响实轴上根轨迹的确定。

综上所述，实轴根轨迹的确定完全取决于点 s_i 右方实轴上的开环极点数和零点数之和的个数。由相角条件得

$$\angle G(s)H(s)\big|_{s=s_i}=(m_r+n_r)\pi=\pm(2k+1)\pi,\quad k=0,1,2,\cdots \tag{4-17}$$

式中，m_r 为点 s_i 右方实轴上的开环零点数；n_r 为点 s_i 右方实轴上的开环极点数。

由式(4－17) 可知，当(m_r+n_r) 为奇数时，此试验点 s_i 即可满足相角条件，表示该点是根轨迹上的一点。

四、根轨迹的渐近线

当 $n>m$ 时，$K^*\to\infty$，则有$(n-m)$ 条根轨迹趋于 s 平面的无穷远处，趋于无穷远处

的这些根轨迹分支是由下述的渐近线来确定的。

渐近线与实轴交点的坐标 σ_a 为

$$\sigma_a = \frac{\sum_{i=1}^{n} p_i - \sum_{j=1}^{m} z_j}{n-m} \tag{4-18}$$

渐近线与实轴正方向的夹角 φ_a 为

$$\varphi_a = \frac{\pm(2k+1)\pi}{n-m}, \quad k=0,1,2,\cdots,n-m-1 \tag{4-19}$$

证明　在无穷远处的渐近线上取一试验点 s_n(即在无穷远处的根轨迹上)，则可以认为所有有限的开环零极点到达点 s_n 的矢量长度都是相等的。对 s_n 而言，所有有限零极点都汇集到实轴上的一点 σ_a，即 $p_i = z_j = \sigma_a$，进而有

$$\sum_{i=1}^{n} p_i - \sum_{j=1}^{m} z_j = (n-m)\sigma_a \tag{4-20}$$

$$\sigma_a = \frac{\sum_{i=1}^{n} p_i - \sum_{j=1}^{m} z_j}{n-m} \tag{4-21}$$

式中，σ_a 为渐近线与实轴交点的坐标。

也可认为所有有限开环零、极点到达点 S_n 的矢量的相角均为 φ_a，则相角条件可改写为

$$\arg\frac{(s_n-z_1)(s_n-z_2)\cdots(s_n-z_m)}{(s-p_1)(s-p_2)\cdots(s-p_n)} = \pm(2k+1)\pi \tag{4-22}$$

$$(n-m)\varphi_a = \pm(2k+1)\pi \tag{4-23}$$

$$\varphi_a = \frac{\pm(2k+1)\pi}{(n-m)} \tag{4-24}$$

式中，φ_a 为渐近线的方向角，或称为渐近线与正实轴方向的夹角。

五、根轨迹的分离点与汇合点

根据法则 2，根轨迹必起始于开环极点而终止于开环零点。若实轴上两个相邻开环极点之间的线段是根轨迹，则两条根轨迹从此两个开环极点出发并在某点重合后必然会分离，即离开实轴向 s 复平面移动。此两条根轨迹在实轴上重合又分离的点称为分离点，如图 4－5 中的 a 点就是分离点，同理，又把重合回到实轴的点称为汇合点，如图 4－5 中的 b 点。常见的分离点和汇合点一般都在实轴上，但也有可能是共轭复数对，如图 4－6 所

示。

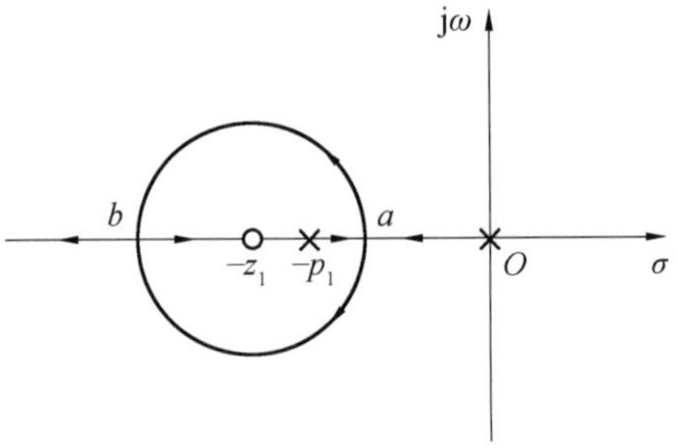

图 4－5　根轨迹的分离点和汇合点

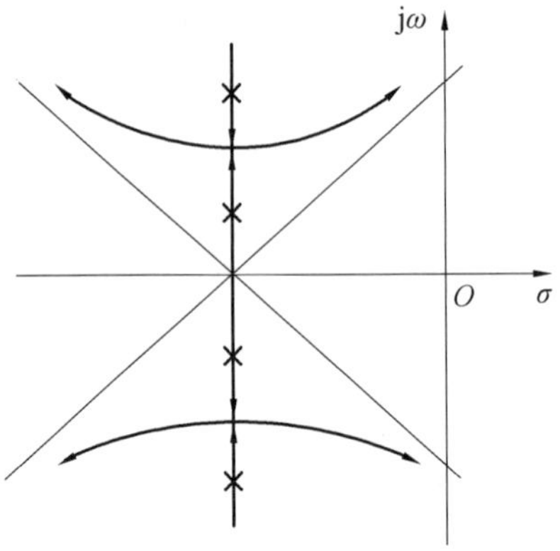

图 4－6　根轨迹的复数分离点

将开环传递函数改写为

$$\frac{\mathrm{d}K^*}{\mathrm{d}s}=0 \tag{4-25}$$

由代数方程式解的性质可知，特征方程式出现重根的条件是 s 值必须满足下列方程，即

$$D(s)=A(s)+K^*B(s)=0 \tag{4-26}$$

$$D(s)=A'(s)+K^*B'(s)=0 \tag{4-27}$$

式中，$A(s)=\prod_{j=1}^{m}(s-z_j)$；$B(s)=\prod_{i=1}^{n}(s-p_i)$。

消去上述两式中的 K^*，求得

$$A(s)B'(s)-A'(s)B(s)=0 \tag{4-28}$$

式(4－28)是用于确定根轨迹分离点(或汇合点)的方程。另外，还可以用方程 $\frac{\mathrm{d}K^*}{\mathrm{d}s}=0$ 求取，由式(4－26)得

$$K^* = -\frac{A(s)}{B(s)} \tag{4-29}$$

上式对 s 求导，得

$$\frac{\mathrm{d}K^*}{\mathrm{d}s} = \frac{A(s)B'(s) - A'(s)B(s)}{[B(s)]^2} \tag{4-30}$$

式(4－30)在根轨迹的分离点(或汇合点)处应等于零，即

$$\frac{\mathrm{d}K^*}{\mathrm{d}s} = 0 \tag{4-31}$$

另外，分离点的坐标 d 也可由下列方程的解求得

$$\sum_{i=1}^{n} \frac{1}{d - p_i} = \sum_{j=1}^{m} \frac{1}{d - z_j} \tag{4-32}$$

式中，z_j 为开环零点的数值；p_i 为开环极点的数值。

分离角(即根轨迹进入分离点的切线方向与离开分离点的切线方向之间的夹角)为 $(2k+1)\pi/l$，其中 l 为进入分离点(或汇合点)的根轨迹数。对于一阶、二阶方程用解析法很容易就可求得分离点(或汇合点)坐标，但对于高阶方程而言，建议采用试探法或极值法绘制粗略的根轨迹。

综上所述，式(4－28)、式(4－31)和式(4－32)均可确定根轨迹上的分离点(或汇合点)的值。这里需要注意的是，按前述三个式子求得的根不一定都是真正的分离点(或汇合点)，只有位于根轨迹上的那些重根才是真正的分离点(或汇合点)。

六、根轨迹的出射角与入射角

在开环复数极点处根轨迹的出射角(即根轨迹起点处的切线与水平线正方向的夹角)为

$$\varphi_{\mathrm{p}} = \pm(2k+1)\pi + \phi \tag{4-33}$$

在开环复数零点处根轨迹的入射角(即根轨迹终点处的切线与水平线正方向的夹角)为

$$\varphi_{\mathrm{z}} = \pm(2k+1)\pi - \phi \tag{4-34}$$

式中，ϕ 为其他开环零、极点对出射点或入射点所提供的相角，即

$$\phi = \sum_{j=1}^{m} \theta_{zj} - \sum_{i=1}^{n} \theta_{pi} \tag{4-35}$$

第三节　特殊根轨迹

一、广义根轨迹

在控制系统理论中，除了以根轨迹增益 K^* 作为核心参变量的情况外，还存在多种其他形式的根轨迹，这些统称为广义根轨迹。它们涵盖了系统参量变化的根轨迹、开环零点数量超过开环极点数量的特殊根轨迹、零度根轨迹，以及由其他参数（如校正环节的时间常数）变化所引发的根轨迹等，均归属于广义根轨迹的范畴之内。

在着手绘制广义根轨迹之前，我们引入了等效单位反馈系统和等效传递函数的概念。这样一来，原本适用于常规根轨迹（即以根轨迹增益 K^* 为参变量的根轨迹）的所有绘制法则，便能够同样适用于广义根轨迹的绘制过程。只需依据这些法则，即可准确描绘出各类广义根轨迹的形态。

设系统的闭环特征方程为

$$1+G(s)H(s)=0 \tag{4-36}$$

对式(4－36)进行等效变换，可写为

$$A\frac{P(s)}{Q(s)}=-1 \tag{4-37}$$

式中，A 是除 K^* 以外的系统任意参数；多项式 $P(s)$、$Q(s)$ 均与 A 无关。

式(4－36)与式(4－37)显然相等，即

$$1+A\frac{P(s)}{Q(s)}=1+G(s)H(s)=0 \tag{4-38}$$

则求得系统的等效开环传递函数为

$$G(s)H(s)=A\frac{P(s)}{Q(s)} \tag{4-39}$$

二、零度根轨迹

若控制系统被判定为非最小相位系统，那么在某些特定情境下，无法直接套用传统的根轨迹法则来进行其根轨迹的绘制。这是因为非最小相位系统的相角条件与众不同，为 $2k\pi+0°$，而非常规的 $2k\pi+180°$，因此，这类特殊的根轨迹被命名为零度根轨迹。非最小相位系统，顾名思义，是指那些在开环状态下，其零极点位于复平面 s 右半平面的控制系

统。

此外，在绘制正反馈系统的根轨迹时，同样需要遵循这一零度根轨迹的相角条件。

零度根轨迹的产生，主要归因于两个方面的因素：一方面，非最小相位系统中可能包含了最高次幂系数为负的因子，可能是由于被控对象（例如飞机、导弹等）本身固有的特性所导致的，也可能是在系统框图进行变换过程中不经意间引入的；另一方面，为了满足某种特定的性能指标要求，在复杂的控制系统设计中，有时不得不采用正反馈内回路的结构，这也是零度根轨迹出现的另一个重要原因。

（一）正反馈回路的根轨迹

以正反馈回路为例，假设某控制系统的结构如图 4－7 所示，其中内回路采用了正反馈设计。这种系统通常依赖于外回路来保持稳定。这种局部正反馈的结构，既可能是控制对象本身的固有特性，也可能是为了满足系统的某种性能要求而在设计时有意加入的。因此，在利用根轨迹法对这类系统进行分析时，有时需要绘制正反馈系统的根轨迹，以更全面地了解系统的动态特性。

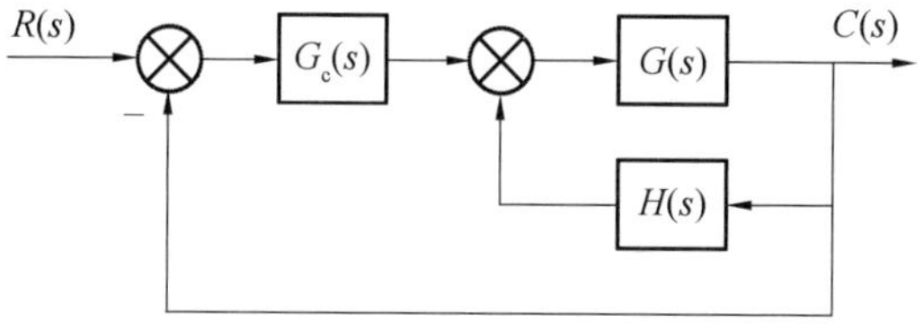

图 4－7　具有局部正反馈的系统

由图 4－7 可得，该系统内回路的闭环传递函数为

$$\Phi(s)=\frac{G(s)}{1-G(s)H(s)} \tag{4-40}$$

其特征方程为

$$1-G(s)H(s)=0 \tag{4-41}$$

其幅值条件和相角条件分别为

$$|G(s)H(s)|=1 \tag{4-42}$$

$$\arg[G(s)H(s)]=\pm 2K\pi,\quad K=0,1,2,3,\cdots \tag{4-43}$$

正反馈的幅值条件相同而相角条件不同。正反馈系统根轨迹的相角条件为 0°，故称正反馈系统的根轨迹为零度根轨迹。

（二）含有非最小相位元件的系统的根轨迹

在绘制系统中含有非最小相位元件的根轨迹时，需要注意开环传递函数中是否含有 s

最高次幂为负系数的因子。若有，则根轨迹的相角条件为 $2k\pi + 0°$，故此时应该绘制零度根轨迹。

（三）滞后系统的根轨迹

在控制系统中经常会出现纯滞后现象，其传递函数 $e^{-\tau s}$ 称为纯滞后或延迟环节，包含此环节的系统称为滞后系统。

滞后系统的框图如图 4－8 所示，其闭环传递函数为

$$\frac{C(s)}{R(s)} = \frac{e^{-\tau s}G(s)}{1 + e^{-\tau s}G(s)} \tag{4－44}$$

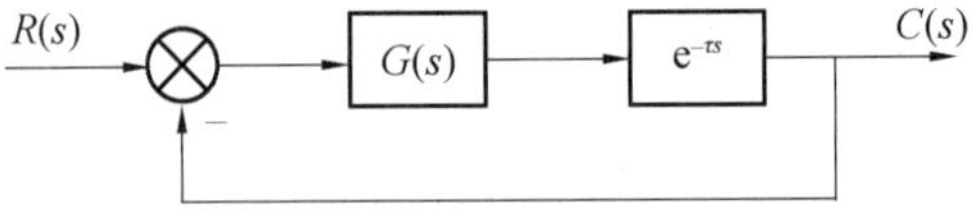

图 4－8　滞后系统

其特征方程为

$$1 + e^{-\tau s}G(s) = 0 \tag{4－45}$$

其中

$$G(s) = \frac{K^* \prod_{j=1}^{m}(s - z_j)}{\prod_{i=1}^{n}(s - p_i)} \tag{4－46}$$

令 $s = \sigma + j\omega$ 代入式(4－45)，求得滞后系统根轨迹的幅值条件和相角条件分别为

$$\frac{K^* \prod_{j=1}^{m}|(s - z_j)|}{\prod_{i=1}^{n}|(s - p_i)|} e^{-\sigma t} = 1 \tag{4－47}$$

$$\sum_{j=1}^{m}\arg(s - z_j) - \sum_{i=1}^{n}\arg(s - p_i) = \omega\tau \pm (2k + 1)\pi \tag{4－48}$$

与常规根轨迹的幅值条件和相角条件比较，显然，幅值条件多了一项 $e^{-\sigma t}$，相角条件多了一项 $\omega\tau$，这就构成了滞后系统的特殊性。当 $\tau \neq 0$(即有纯滞后存在)时，相角条件取决于 ω。取不同的 K^* 值，则可得无限多条根轨迹。

由于幅值条件和相角条件的变化，绘制根轨迹的各项法则亦会发生如下改变。

① 滞后系统的分支数为无穷多条，其起点为开环极点和 $-\infty$，终点为开环零点和 1。

② 滞后系统根轨迹的渐近线有无穷多条，且都平行于实轴，它们与虚轴的交点为

$$\omega = \frac{180°N}{57.3°\tau} \tag{4-49}$$

式中，N 值见表 4－1。

表 4－1　N 值

$n-m$	$K^* = 0$ 渐近线	$K^* \to \infty$ 渐近线
奇数	$N = 0, \pm 2, \pm 4, \cdots$	$N = \pm 1, \pm 3, \pm 5, \cdots$
偶数	$N = \pm 1, \pm 3, \pm 5, \cdots$	$N = 0, \pm 2, \pm 4, \cdots$

③ 滞后系统的根轨迹有无穷多条，故其对应的渐近线也有无穷多条。

第四节　系统闭环零极点分布与阶跃响应的关系

系统闭环极点的分布由根轨迹描述，而控制系统的性能指标通常用阶跃响应来计算。

一、用闭环零极点表示的阶跃响应解析式

设 n 阶系统的闭环传递函数为

$$\Phi(s) = \frac{C(s)}{R(s)} = \frac{K\prod_{j=1}^{m}(s - z_j)}{\prod_{i=1}^{n}(s - p_i)} \tag{4-50}$$

式中，$z_j(j=1,\cdots,m)$ 为系统的闭环零点；$p_i(i=1,\cdots,n)$ 为系统的闭环极点。

在单位阶跃信号 $r(t)=1(t)$ 的输入下，$R(s)=1/s$，系统输出的拉普拉斯变换为

$$C(s) = \Phi(s)R(s) = \frac{K\prod_{j=1}^{m}(s - z_j)}{\prod_{i=1}^{n}(s - p_i)} \frac{1}{s} \tag{4-51}$$

设 $\Phi(s)$ 中无重极点（为了推导过程简单，若无此假设也不影响结论），则用部分分式法将 $C(s)$ 分解为

$$C(s) = \frac{c_0}{s} + \frac{c_1}{s - p_1} + \cdots + \frac{c_n}{s - p_n} = \frac{c_0}{s} + \sum_{k=1}^{n} \frac{c_k}{s - p_k} \tag{4-52}$$

式中

$$c_0 = \left. \frac{K\prod_{j=1}^{m}(s - z_j)}{\prod_{i=1}^{n}(s - p_i)} \right|_{s=0} = \frac{K\prod_{j=1}^{m}(-z_j)}{\prod_{i=1}^{n}(-p_i)} \tag{4-53}$$

$$c_k = \frac{K\prod_{j=1}^{m}(s-z_j)}{\prod_{i=1,i\neq k}^{n}(s-p_i)}\Bigg|_{s=P_k} = \frac{K\prod_{j=1}^{m}(p_k-z_j)}{\prod_{i=1,i\neq k}^{n}(p_k-p_i)} \tag{4-54}$$

对式(4－52)进行拉普拉斯变换，得

$$c(t)=c_0+\sum_{k=1}^{n}c_k e^{p_k t} \tag{4-55}$$

由式(4－55)可知，系统的单位阶跃响应 $c(t)$ 将由闭环极点 p_k 及系数 c_k 确定，而系数 c_k 与闭环零极点的分布也有关。故式(4－55)为闭环零极点表示的系统阶跃响应的解析式。

二、闭环零极点分布与阶跃响应的定性关系

下面以式(4－55)为基础，按照闭环零极点分布与阶跃响应的关系(即根轨迹与控制系统性能之间的关系)做进一步的分析。

从系统的控制性能角度讲，系统的输出应当尽可能地复现系统的输入，即要求系统动态过程具有快速性、平稳性。因此，系统闭环零极点的分布应从以下三点来考虑：

(1) 若要系统是稳定的，则所有的闭环极点必须严格分布在 s 左半平面。

(2) 若要系统快速性好，则阶跃响应式中的每个瞬态分量 $c_k e^{p_k t}$ 应当快速衰减，那么有：一是 p_k 的绝对值要大，即闭环极点远离虚轴；二是 c_k 要小，从式(4－54)可知，应使该式的分子小、分母大，即闭环零极点成对靠近(使 p_k-z_j 变小)，且闭环极点之间的距离要大(使 p_k-p_i 变大)。

(3) 若使系统平稳性好，即系统阶跃响应的超调量要小，则复数闭环极点尽量靠近 s 平面中与负实轴成 $\pm 45°$ 的夹角线上。$\cos\theta=\zeta$，当 $\theta=45°$ 时，$\zeta=0.707$ 为最佳阻尼比，此时对应的系统超调量 $\sigma\%<5\%$，即系统具有很好的平稳性。

上述关于闭环零极点分布的结论，为利用闭环零极点直接对系统动态过程的性能进行定性分析提供了理论支撑。

三、主导极点与偶极子

由之前的分析可以得知，那些距离虚轴最近的闭环极点，对系统的暂态过程起着至关重要的作用，它们直接影响着系统的暂态性能表现。当相邻闭环极点的实部相差 5 倍甚至更多(在实际工程中，这个差距可以更小一些)时，那些远离虚轴的闭环极点对系统的

影响就可以忽略不计。此时，距离虚轴最近的一个或一对闭环极点，就被称为系统的主导极点。在工程实践中，通常会利用这些主导极点来估算系统的动态性能，通过将高阶系统近似降阶为与主导极点相对应的一阶或二阶系统，从而简化分析过程。

从前述的深入分析中，可以清晰地了解到，当闭环极点 p_k 与闭环零点 z_j 彼此靠近到几乎相融的程度时，它们在阶跃响应 $c(t)$ 中所贡献的分量 c_k 将变得极为微小，以至于在系统的实际分析和设计中完全可以忽略不计。因此，将这样一对紧密相邻的闭环零极点形象地称之为偶极子。在实际的工程应用中，如果能够精心地设计并引入恰当的闭环零点，那么这些零点就如同一把精准的“钥匙”，有效地“抵消”或“中和”那些对系统暂态性能产生显著不利影响的闭环极点，从而大幅度地提升系统的暂态响应特性和整体稳定性。

四、利用主导极点估算系统的性能指标

在暂态响应过程中，主导极点起着至关重要的决定性作用。因此，在计算系统的暂态性能指标时，在特定条件下，可以仅考虑暂态分量中由主导极点所贡献的部分，从而将高阶系统近似简化为一阶或二阶系统来进行分析。

现给定系统的开环传递函数，拟通过根轨迹的方法来分析系统的稳定性，并进一步计算当阻尼比 $\zeta=0.5$ 时，闭环主导极点所对应的性能指标。

首先把开环传递函数化成标准形式

$$G(s)=\frac{K}{s(s+1)(0.5s+1)} \tag{4-56}$$

式中，$K^*=2K$ 是根轨迹增益。下面通过绘制根轨迹来分析系统的性能。

（一）绘制系统根轨迹

系统的 3 个开环极点 $p_1=0$、$p_2=-1$、$p_3=-2$，开环零极点个数分别为 $m=0$、$n=3$。故 3 条根轨迹分别起始于 3 个开环极点，其终点均趋于无穷远处。

实轴上$[0,-1]$，$[-2,-\infty]$ 分布有根轨迹。

渐近线与实轴的交点

$$\sigma_a=\frac{\sum_{i=1}^{n}p_i-\sum_{j=1}^{m}z_j}{n-m}=\frac{-1-2}{3-0}=-1$$

渐近线与实轴正方向的夹角 $\varphi_a=60°,180°,300°$。

求分离点

$$K^{*}=-s(s+1)(s+2)=-(s^{3}+3s^{2}+2s) \tag{4-57}$$

令$\frac{\mathrm{d}K^{*}}{\mathrm{d}s}=0$，解得 $s_1=-0.423$，$s_2=-1.58$（舍去），故实际分离点 $d=s_1=-0.423$。

求根轨迹与虚轴的交点。将 $s=\mathrm{j}\omega$ 代入特征方程 $D(s)=s^3+3s^2+2s+K^{*}=0$，有

$$D(\mathrm{j}\omega)=(\mathrm{j}\omega)^3+3(\mathrm{j}\omega)^2+2(\mathrm{j}\omega)+K^{*}=0 \tag{4-58}$$

对上式整理有 $-\mathrm{j}\omega^3-3\omega^2+2\mathrm{j}\omega+K^{*}=0$。分别令其实部和虚部为零，有

$$\begin{cases}-3\omega^2+K^{*}=0\\-\omega^3+2\omega=0\end{cases} \tag{4-59}$$

解得 $\omega_1=0$，$K_1^{*}=0$；$\omega_{2,3}=1.414$，$K^{*}=6$，$K=3$。

系统的根轨迹如图 4－9 所示。

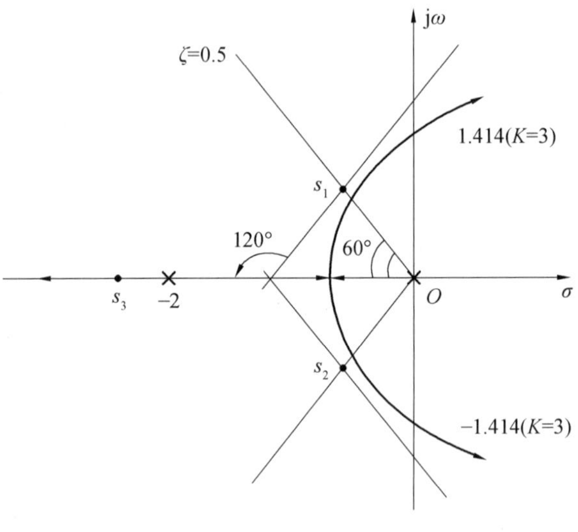

图 4－9　系统的根轨迹

（二）系统的稳定性分析

当开环增益 $K>3$ 时，有两条根轨迹分支进入 s 右半平面，此时系统不稳定。故使系统稳定的开环增益范围为 $0<K<3$。

根据阻尼比的要求确定闭环主导极点 p_1、p_2。若 $\zeta=0.5$，则 $\theta=\arccos\zeta=60°$。在图 4－9 中绘制 $\zeta=0.5$ 阻尼线，求得 $p_{1,2}=-0.33\pm\mathrm{j}0.57$。

确定 p_1、p_2 为系统的主导极点，需求解同一个 K 值下的第 3 个闭环极点，并确定其实部与 p_1、p_2 的实部相差 6 倍以上。将 $p_1=-0.33+\mathrm{j}0.57$ 代入幅值条件中，求得 p_1 点处

的 K 值为

$$|s(s+1)(s+2)|_{s=p_1=-0.33+j0.57}=2K \tag{4-60}$$

解得 $K=0.516$。

此时，$p_{1,2}=-0.33\pm j0.57$，p_3 待求。

系统的特征方程为

$$s(s+1)(s+2)+2K=(s-p_1)(s-p_2)(s-p_3)=0 \tag{4-61}$$

将 $K=0.516$、$p_{1,2}=-0.33\pm j0.57$ 代入上式，可得

$$(s-p_3)=\frac{s^3+3s^2+2s+1.032}{s^2+0.66s+0.4438} \tag{4-62}$$

由上式求得系统的第 3 个闭环极点 $p_3=-2.34$。p_3 距离虚轴为 2.34，与 $p_{1,2}$ 距离虚轴 0.33 相差甚远。故可用 $p_{1,2}$ 来估算该系统的性能指标。此时，系统近似为二阶系统，求得 $\sigma\%=e^{-\zeta\pi/\sqrt{1-\zeta^2}}|_{\zeta=0.5}=16.3\%$。

由图 4－9 可知，二阶系统闭环极点 $p_{1,2}=-\zeta\omega_n\pm j\omega_n\sqrt{1-\zeta^2}=-0.33\pm j0.57$，故有

$$\omega_n=0.33\zeta|_{\zeta=0.5}=0.66$$

$$t_s=\frac{3}{\zeta\omega_n}=9.1\ \text{s}(\text{对应 }5\%\text{ 误差带}) \tag{4-63}$$

第五节　MATLAB 在根轨迹法中的应用

一、MATLAB 在根轨迹法引用的必要性

利用 MATLAB 控制系统工具箱中提供的强大命令，可以轻松求解出系统的闭环传递函数，以及准确地获取其零点、极点和增益信息。然而，尽管如此，根轨迹法在分析设计控制系统中的地位依然举足轻重。一方面，通过根轨迹法，能够直观地观察到系统中某个关键参数的变化如何对闭环极点的位置产生影响，进而深入理解这种变化如何左右系统的动态性能表现。另一方面，一幅完整的根轨迹图，不仅是控制系统设计与校正过程中的得力辅助工具，更是对设计结果进行验证和检验的重要手段。借助 MATLAB 的相关指令，不仅能够快速、准确地绘制出系统的根轨迹图，还能轻松确定根轨迹图上任意一点所对应的闭环极点集合，以及与之相对应的根轨迹增益值，为系统的深入分析和优化提供有

力支持。

二、绘制控制系统的根轨迹图

MATLAB 控制系统工具箱中，绘制根轨迹的常用命令为

rlocus(num,den)

rlocus(num,den,K)

其中，num、den 分别是开环传递函数的分子、分母多项式系数向量，按 s 降幂排列，K 为根轨迹增益。

rlocus(sys)

rlocus(sys,K)

rlocus(sysl,sys2,…)

绘制开环系统 sys 的根轨迹，K 为给定增益，也可同时绘制 sys1、sys2、sys3 等多个系统的根轨迹。

[r,k]=rlocus(sys)

该指令使得在屏幕上显示矩阵 $\boldsymbol{r}$ 和增益向量 $\boldsymbol{K}$(r 具有长度为 K 的行和长度为den－1 的列，后者包括复数根位置。矩阵中的每一行对应变量 $\boldsymbol{K}$ 的增益)，此时屏幕上不显示根轨迹曲线。

r=rlocus(sys)

plot(r)

此两条指令可以绘制根轨迹。

如果参变量 K 的范围是给定的，则 MATLAB 将按给定的参数范围绘制根轨迹；否则 K 是自动确定的，其变化范围为 $0\sim\infty$。在绘制根轨迹图时，MATLAB 有 x、y 坐标轴的自动定标功能。若用户需要，可自行设置坐标的范围，需在程序中添加如下指令：

$$V=[-a \quad a \quad -b \quad b];axis(V);axis('square') \tag{4-64}$$

即 x 轴的范围为 $[-a,a]$，y 轴的范围为 $[-b,b]$。借助上述命令，可指定绘图区域，并且使一条斜率为 1 的直线显示为理想的 45° 斜线，不会因为屏幕的不规则而产生畸变。

已知一单位反馈系统的开环传递函数为

$$G(s)H(s)=\frac{K(s+2)}{s(s+1)(s^2+4s+12)} \tag{4-65}$$

试用 MATLAB 绘制系统的根轨迹，选择 x 轴、y 轴的范围均为[－6,6]。MATLAB

程序如下：

```
clear all
a=[1  1  0];b=[1  4  12];
den=conv(a,b);
num=[1,2];
rlocus(num,den);
V=[-6  6  -6  6];
axis(V);axis('square');grid
title('Root-locus Plot of G(s)H(s)');
xlabel('Re');
ylabel('Im');
```

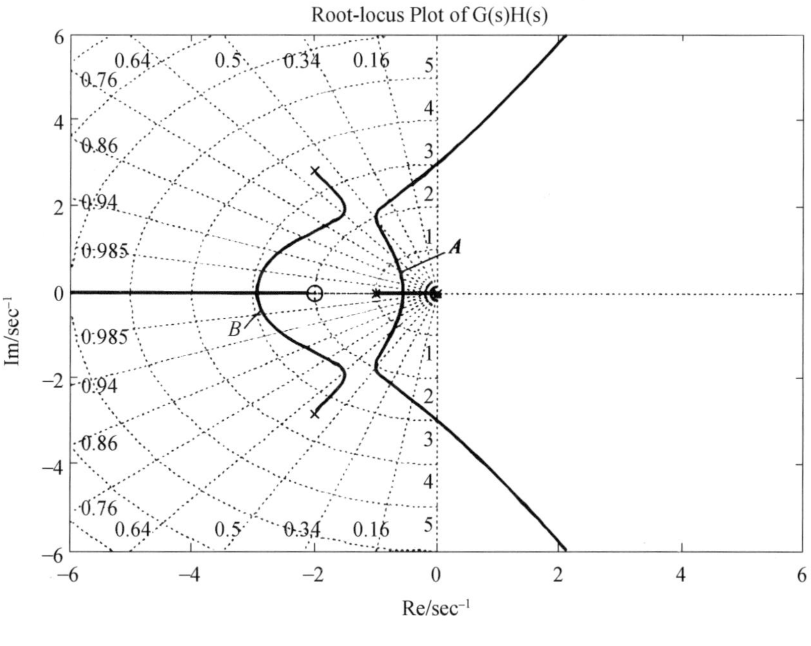

图 4－10　系统的根轨迹图

三、由根轨迹图分析系统性能

对系统性能的分析过程中，一般需要确定根轨迹图上某一点的根轨迹增益值和其他对应的闭环极点。对此，可调用下述指令：

$$[K2,P2]=\text{rlocfind}(num,den) \tag{4-66}$$

运行该指令后，在显示根轨迹图形的屏幕上会生成一个十字光标，同时在 MATLAB 的命令窗口出现“Select a point in the graphics window”，提示用户选择某一个点。当使用鼠标移动十字光标到所希望的位置后，单击左键，在 MATLAB 的命令窗口就会显示该点的数值、增益值和对应的其他闭环极点。例如，移动十字光标至图 4－10 中的任意 A 点，单击左键后，在 MATLAB 的命令窗口输出：

selected_point＝－0.582 9＋0.465 8i

K2＝

3.090 2

P2＝

－1.907 6＋2.697 1i

－1.907 6－2.697 1i

－0.592 4＋0.464 1i

－0.592 4－0.464 1i

在此 A 点处根轨迹的增益为 3.090 2，4 个闭环极点均位于 s 左半平面，故此时系统是稳定的。

移动十字光标至图 4－10 中的任意 B 点，单击左键后，在 MATLAB 的命令窗口输出：

selected_point＝

－2.829 4－0.465 8i

K2＝

48.403 7

P2＝

0.347 0＋3.391 6i

0.347 0－3.391 6i

－2.847 0＋0.472 3i

－2.847 0－0.472 3i

在此 B 点处根轨迹的增益为 48.403 7，有两个闭环极点均位于 s 右半平面，故此时系统是不稳定的。这说明随着增益的增加，会使得有两条根轨迹越过虚轴进入 s 右半平面，使得系统从稳定系统变成不稳定系统。

第五章　控制系统的频域分析

第一节　频率特性

前几章内容主要围绕自动控制系统的特性，在时域和复域两个维度展开了深入探讨。在时域分析中，我们依托系统的时域数学模型，即微分方程，通过解析法的手段来剖析系统的各项特性。这种方法能够精确求解出系统的稳态响应和暂态响应性能，为我们提供了对系统行为的全面理解。然而，当面对高阶系统时，时域分析法的应用难度会显著增加，给分析工作带来一定挑战。

复域分析，则是基于系统的复域数学模型，即传递函数，来展开系统性能的分析。其中，根轨迹法作为一种有效的分析工具，能够帮助我们深入洞察系统的性能表现。特别是在处理高阶系统时，依据主导极点的思想，对系统的分析进行了简化，使得复杂系统的分析变得更为直观和可行。

一、频率特性的基本概念

一个稳定的线性控制系统，在受到正弦信号激励时，其稳态输出同样为同频率的正弦信号，不过输出的幅值和相位通常会与输入有所差异。这些差异是输入信号频率的函数，随频率的变化而变化。

下面以图 5－1 所示的 RC 滤波电路为例，建立频率特性的基本概念。

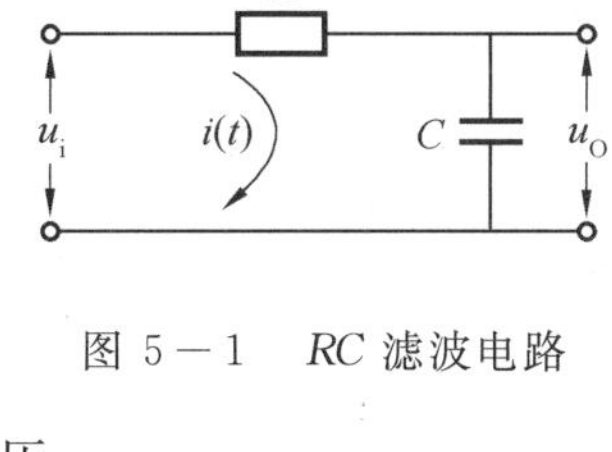

图 5－1　RC 滤波电路

设输入信号为正弦交流电压

$$u_{\mathrm{i}} = U\sin(\omega t + \varphi)$$

u_i 对应的电压相量为

$$\dot{U}_i = U e^{j\varphi} \tag{5-1}$$

如果系统为线性定常系统，则输出量 U_o 也必为同频率的正弦信号，U_o 对应的电压相量为

$$\dot{U}_o = U_o e^{j\varphi} \tag{5-2}$$

RC 滤波网络总复阻抗为

$$Z = R + \frac{1}{j\omega C}$$

于是，其输入、输出电压相量的比值为

$$\frac{\dot{U}_o}{\dot{U}_i} = \frac{1}{j\omega RC + 1} = \frac{1}{\sqrt{1 + (RC)^2\omega^2}} e^{j(-\arctan RC\omega)} \tag{5-3}$$

式(5－3)表示把一个频率为 ω 的正弦信号作用于电路或系统时，在稳态条件下电路或系统的输出量和输入量的比。这个比值是复数，是随频率而变化的，频率不同，比值的幅值大小和相位移动不同。该比值给出了在不同频率下电路传递正弦信号的性能。我们把这个比值叫作电路的频率特性或频率响应，常用 $W(j\omega)$ 表示，可以写成

$$W(j\omega) = \frac{\dot{U}_o}{\dot{U}_i} = \frac{1}{j\omega RC + 1} = \frac{1}{j\omega T + 1} = \frac{1}{\sqrt{1 + T^2\omega^2}} e^{j(-\arctan \omega T)} = A(\omega) e^{j\varphi(\omega)} \tag{5-4}$$

式中，$T = RC$，$A(\omega) = \dfrac{1}{\sqrt{1 + T^2\omega^2}}$，$\varphi(\omega) = -\arctan T\omega$。

$A(\omega)$、$\varphi(\omega)$ 分别反映 RC 网络在正弦信号作用下，稳态输出与输入的幅值之比和相位之差，它们都是输入正弦信号频率 ω 的函数，分别称为电路或系统的幅频特性和相频特性。

这样，RC 网络在受到谐波信号输入作用后，其输出量的稳态值为

$$\dot{U}_o = W(j\omega)\dot{U}_i = A(j\omega) e^{j\varphi(\omega)} \cdot U e^{j\varphi}$$

写成瞬时值为

$$u_o = UA(\omega)\sin(\omega t + \varphi(\omega))$$

即电路或系统在受到谐波信号输入作用后，输出的稳态值等于电路或系统的频率特性函数和输入量的乘积。

由于 RC 滤波电路的传递函数为

$$W(s)=\frac{1}{Ts+1} \tag{5-5}$$

对比式(5—4)和式(5—5)就会发现，该电路的频率特性$W(j\omega)$和传递函数$W(s)$的表达式形式是相同的。只要传递函数$W(s)$中的算子s是用$j\omega$代替，就可以得到频率特性$W(j\omega)$。

在一般情况下，系统的传递函数可写成

$$W(s)=\frac{X_c(s)}{X_r(s)}=\frac{K\prod_{i=1}^{m}(s+z_i)}{\prod_{j=1}^{n}(s+p_j)} \tag{5-6}$$

设输入正弦信号$x_r(t)=X_r\sin\omega t$，则输出的拉氏变换为

$$X_c(s)=W(s)\frac{\omega X_r}{s^2+\omega^2} \tag{5-7}$$

如果讨论的系统是稳定的，则式(5—6)中的$-p_j$均有负实部。

如果式(5—6)的全部极点均不相同，则式(5—7)的展开式为

$$X_c(s)=\frac{A_{01}}{s+j\omega}+\frac{A_{02}}{s-j\omega}+\frac{A_1}{s+p_1}+\cdots+\frac{A_n}{s+p_n} \tag{5-8}$$

式中，A_{01}，A_{02}，A_1，…，A_n为待定系数。

对式(5—8)两边分别求拉氏反变换，得到

$$x_c(t)=A_{01}e^{-j\omega t}+A_{02}e^{j\omega t}+A_1e^{-p_1t}+\cdots+A_ne^{-p_nt} \tag{5-9}$$

对于稳定的系统，由于$-p_j(j=1,2,\cdots,n)$有负实部，因此，当t趋于无穷大时，各指数项$e^{-p_jt}(j=1,\cdots,n)$均衰减到零。也就是说，达到稳态时，输出信号$x_c(t)$中的暂态分量将消失。这时，其稳态分量仅由式(5—9)的第一和第二项决定，即

$$x_c(t)=A_{01}e^{-j\omega t}+A_{02}e^{j\omega t} \tag{5-10}$$

如果式(5—6)包含h重极点sj，则$x_c(t)$中包含$t^ie^{-s_it}(i=1,2,\cdots,j-1)$等项。对于稳定的系统，由于$-s_j$具有负实部，所以当$t$趋于无穷大时，$t^ie^{-s_it}$各项都趋于零，故仍然能够得到式(5—10)的结果。

式(5—10)的系数确定如下：

$$A_{01}=W(s)\frac{\omega X_r}{s^2+\omega^2}(s+j\omega)\Big|_{s=-j\omega}=\frac{X_rW(-j\omega)}{2j} \tag{5-11}$$

$$A_{02}=W(s)\frac{\omega X_r}{s^2+\omega^2}(s-j\omega)\Big|_{s=j\omega}=\frac{X_rW(j\omega)}{2j} \tag{5-12}$$

式中，$W(\mathrm{j}\omega)$ 是一个复数，可以表示为

$$W(\mathrm{j}\omega)=|W(\mathrm{j}\omega)|\angle W(\mathrm{j}\omega)=A(\omega)\mathrm{e}^{\mathrm{j}\varphi(\omega)} \tag{5-13}$$

在所讨论的系统响应问题中，式(5－13)具有如下特点：

$$\begin{cases}A(\omega)=A(-\omega)\\ \varphi(-\omega)=-\varphi(\omega)\end{cases} \tag{5-14}$$

将式(5－11)、式(5－12)、式(5－13)和式(5－14)代入式(5－10)，得

$$x_{\mathrm{c}}(t)=A(\omega)\frac{\mathrm{e}^{\mathrm{j}(\omega t+\varphi)}-\mathrm{e}^{-\mathrm{j}(\omega t+\varphi)}}{2j}X_{\mathrm{r}}=A(\omega)X_{\mathrm{r}}\sin(\omega t+\varphi) \tag{5-15}$$

由式(5－15)可见，在正弦信号的输入作用下，线性系统的稳态输出是同频率的正弦信号，且与输入信号都是 ω 的函数，对所有角频率($\omega=0\rightarrow+\infty$)，系统的输入、输出的对应关系可用系统的稳态输出与输入正弦函数之幅值比 $A(\omega)$ 和其相位差 $\varphi(\omega)$ 随 ω 变化的特性来表示，这就是系统的频率特性。当输入信号与输出信号为非周期函数时，频率特性是输出信号的傅氏变换与输入信号的傅氏变换之比，即

$$W(\mathrm{j}\omega)=\frac{X_{\mathrm{c}}(\mathrm{j}\omega)}{X_{\mathrm{r}}(\mathrm{j}\omega)}=A(\omega)\mathrm{e}^{\mathrm{j}\varphi(\omega)} \tag{5-16}$$

可见，系统的频率特性可以由该系统的传递函数求得，即以 $\mathrm{j}\omega$ 代替 s

$$W(\mathrm{j}\omega)=W(s)|_{s=\mathrm{j}\omega} \tag{5-17}$$

综上所述，系统的频率特性定义为线性系统或环节在零初始条件下稳态输出正弦信号与输入正弦信号对应的相量之比。它反映系统在不同频率正弦信号输入作用下，输出正弦信号将产生不同的幅值变化和相位移动的特性。传递函数的复变量 s 用 $\mathrm{j}\omega$ 代替时，传递函数就转变为频率特性函数。

二、频率特性的表示法

频率特性通过比较输出与输入随频率变化的幅值比和相位差来表征，可绘制曲线直观观察。曲线特征如极点、零点为判断系统性能提供依据。这一定义适用于稳定与不稳定系统。稳定系统可通过实验确定频率特性，不稳定系统则因输出响应含发散或振荡分量而无法准确实验确定。频率特性是系统内在数学模型，与系统结构参数有关，与外界无关。图 5－2 展示了系统特性的三种形式及其内在联系。

通常，系统是有惯性的，所以系统频率特性的幅值随频率的升高而衰减，呈现低通滤波特性。

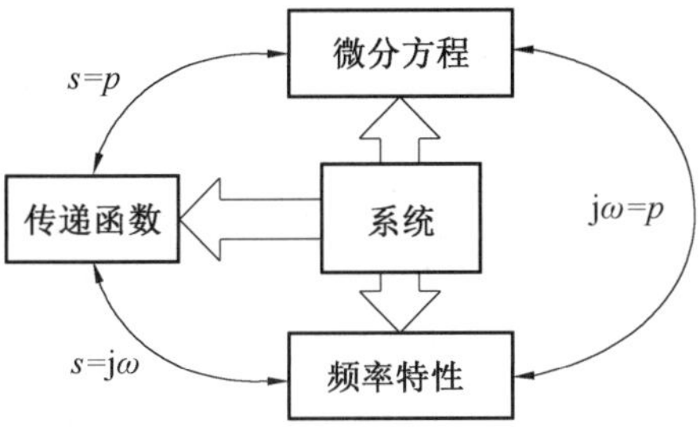

图 5－2　微分方程、传递函数和频率特性之间的关系

(一) 频率特性的几种图示法

1. 幅相频率特性曲线(又称奈氏图、极坐标图)

系统的频率特性为

$$W(\mathrm{j}\omega)=A(\omega)\mathrm{e}^{\mathrm{j}\varphi(\omega)} \tag{5-18}$$

式中,$A(\omega)$ 是频率特性的模,即幅频特性;$\varphi(\omega)$ 是频率特性的辐角或相移,即相频特性。

对于某一频率 ω 下的 $W(\mathrm{j}\omega)$ 总可以在复平面上找到一个向量与之对应,向量的长度为 $A(\omega)$,与实轴的夹角为 $\varphi(\omega)$,不同 ω 下的向量的端点在复平面上扫过的轨迹即为该系统的幅相频率特性曲线,如图 5－3(a) 所示。

式(5－18) 也可以表示为代数形式,即直角坐标形式

$$W(\mathrm{j}\omega)=P(\omega)+\mathrm{j}Q(\omega) \tag{5-19}$$

式中,$P(\omega)$ 是频率特性的实部,称为实频特性;$Q(\omega)$ 是频率特性的虚部,称为虚频特性,如图 5－3(b) 所示。

系统幅频特性、相频特性与实频特性、虚频特性存在如下关系。

$$\begin{cases} A(\omega)=\sqrt{P^2(\omega)+Q^2(\omega)} \\ \varphi(\omega)=\arctan\dfrac{Q(\omega)}{P(\omega)} \end{cases} \tag{5-20}$$

定义新的复平面,将极坐标与直角坐标重合,如图 5－3(c) 所示,取极点为直角坐标的原点,取极坐标轴为直角坐标的实轴。

在上述定义的复平面上,当频率 ω 由 $-\infty$ 变化到 $+\infty$ 时,$W(\mathrm{j}\omega)$ 的矢量终端将在复平面上绘出一条曲线,称为系统(或环节) 的幅相频率特性曲线,或叫极坐标图,或叫奈奎斯特曲线,简称奈氏图。由于幅频特性为 ω 的偶函数、相频特性为 ω 的奇函数,ω 从 0 变到 $+\infty$ 和 ω 从 $-\infty$ 变到 0 的幅相频率特性曲线关于实轴对称,因此一般只绘出 ω 从 0 变到 $+\infty$ 的幅相频率特性曲线。在曲线中,频率 ω 为参变量,一般用小箭头表示 ω 增大时幅相

频率特性曲线的变化方向。

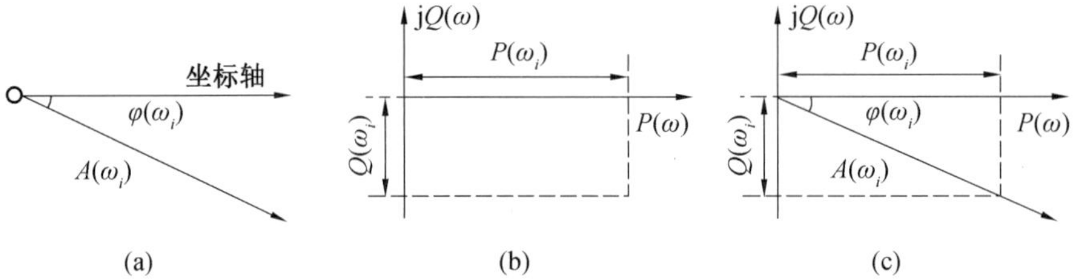

图 5－3　系统的奈氏图

2. 对数频率特性曲线(又称伯德图)

对数频率特性是将频率特性表示在半对数坐标中。对系统的频率特性的表示式(5－18)两边取对数，得

$$\lg W(j\omega)=\lg\left[A(\omega)e^{j\varphi(\omega)}\right]=\lg A(\omega)+j0.434\varphi(\omega) \tag{5－21}$$

这就是对数频率特性的表达式。习惯上一般不考虑系数 0.434，而只用相角位移本身。通常将频率特性幅值扩大 20 倍，单位用分贝(dB)表示，其对数幅频特性表达式为

$$L(\omega)=20\lg A(\omega) \tag{5－22}$$

对数频率特性的坐标如图 5－4 所示，图中横坐标轴为角频率 ω，采用对数比例尺(或称对数刻度)。对数幅频特性的纵坐标是按 $A(\omega)$ 的对数值 $20\lg A(\omega)=L(\omega)$ 进行线性分度的，标注的也是 $20\lg A(\omega)$ 的值，该坐标是普通坐标，单位为分贝(dB)。这种坐标的特点是，如果在横轴上取两点满足$\frac{\omega_2}{\omega_1}=10$，则该两点的距离为 $\lg\frac{\omega_2}{\omega_1}=1$，这就是说频率每变化 10 倍，在横坐标轴上线段长度均为一个单位，叫作一个“十倍频”或“十倍频程”，以“dec”表示。图中纵坐标为 $L(\omega)$，称为幅频增益。$A(\omega)$ 每变化 10 倍，$L(\omega)$ 变化 20 dB，可用线性刻度表示。这样可以展宽频带，并且在半对数坐标系中所有典型环节的对数幅频特性都可以用分段直线来近似表示。对数相频特性的横坐标与幅频特性的横坐标相同，其纵坐标表示相角位移 $\varphi(\omega)$，单位为“度”(“°”)或“弧度”(“rad”)，采用线性刻度。由此，构成的坐标系统称为半对数坐标系。分别将对数幅频特性和对数相频特性绘制在两个半对数坐标系中，称为对数频率特性图，常称为伯德图(Bode 图)。

对数频率特性 ω 采用对数分度实现了横坐标的非线性压缩，便于在较大频率范围内反映频率特性的变化情况。对数幅频特性采用 $20\lg A(\omega)$ 作为纵坐标，它将幅值的乘除运算化为加减运算，可以简化曲线的绘制过程。这样绘图既简单、方便，又能够直观地显示出系统中每个环节的作用，便于对系统进行分析与校正，因此伯德图在频率分析法中应

用最多。

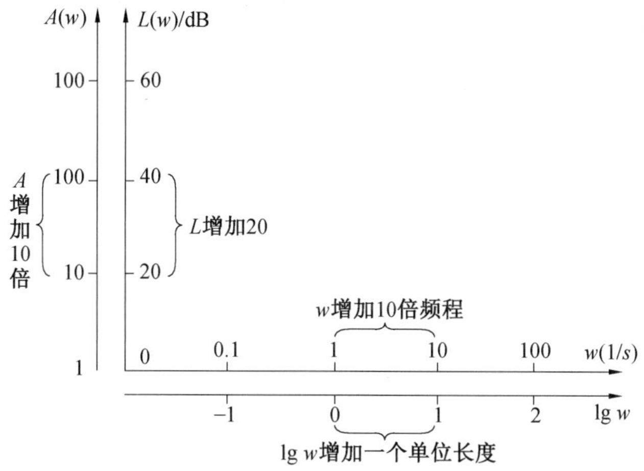

图 5－4　对数频率特性的坐标(半对数坐标)

3. 对数幅相频率特性曲线(又称尼氏图)

对数幅相频率特性曲线是将对数幅频率特性和对数相频率特性两条曲线合并成一条曲线。对数幅相图的横坐标为相角 $\varphi(\omega)$，纵坐标为对数幅值 $L(\omega)=20\lg A(\omega)$，皆为线性分度。对数幅相频率特性曲线又称为尼柯尔斯曲线，简称尼氏图。

对数幅相频率特性可以方便地从伯德图中求得，频率 ω 是参变量。

(二) 典型环节的频率特性

一个自动控制系统一般由若干个典型环节组成，开环传递函数可表示为若干个典型环节的串联形式，即

$$W_K(j\omega)=\prod_{i=1}^{n}W_i(j\omega)=\prod_{i=1}^{n}A_i(\omega)e^{j\varphi_i(\omega)}=A(\omega)e^{j\varphi(\omega)} \tag{5-23}$$

则开环系统幅相频率特性与典型环节的幅相频率特性的关系为

$$\begin{cases} A(\omega)=\prod\limits_{i=1}^{n}A_i(\omega) \\ \varphi(\omega)=\sum\limits_{i=1}^{n}\varphi_i(\omega) \end{cases} \tag{5-24}$$

式(5－24)表明系统开环频率特性表现为组成开环系统的诸典型环节频率特性的合成。

因此，典型环节的频率特性是研究开环系统频率特性的基础。

第二节 频域稳定判据

线性定常系统的稳定性判据，在时域分析中，主要依赖于代数判据来判定闭环系统的特征根是否全部具有负实部，从而确定系统的稳定性。这一判据直观且有效，能够为我们提供系统稳定性的直接信息。

在复域分析中，则通过观察闭环系统的根轨迹是否完全分布在 s 平面的左半平面上，来判断系统的稳定性。根轨迹法作为一种图形化的分析工具，能够清晰地展示出系统参数变化对极点位置的影响，进而帮助我们评估系统的稳定性。

在频域分析中，稳定性判据是利用系统的开环频率特性来判别闭环系统的稳定性。通过分析系统的幅频特性和相频特性，可以间接地推断出闭环系统的稳定性状况，为系统的设计和调试提供有力支持。这三种判据各有千秋，共同构成了线性定常系统稳定性分析的完整体系。

系统的开环传递函数表示为零、极点形式如下：

$$W_K(s)=\frac{K_g N(s)}{D(s)} \tag{5-25}$$

设分母 $D(s)$ 阶次为 n，分子 $N(s)$ 阶次为 m，对于实际系统，一般 $n \geqslant m$，则闭环系统的特征方程式为

$$F(s)=1+W_K(s)=\frac{K_g N(s)+D(s)}{D(s)}=\frac{\prod_{i=1}^{n}(s+z_i)}{\prod_{j=1}^{n}(s+p_j)} \tag{5-26}$$

由式(5－25)和式(5－26)可知：

(1)$F(s)$ 是 n 阶有理分式，并且零点数和极点数是相等的；

(2)$F(s)$ 的零点就是闭环系统的极点；

(3)$F(s)$ 的极点就是系统的开环极点；

(4)$F(s)$ 与 $W_K(s)$ 只差常数 1。

频域中，稳定性判据(奈氏判据)的数学基础是复变函数的辐角定理。

一、辐角定理

s 是复数变量，在 s 平面上可表示为 $s=\sigma+j\omega$。$F(s)$ 是 s 的有理分式函数，在平面 $F(s)$

上表示为 $F(s)=\mu+\mathrm{j}\nu$。在 s 平面上除了 $F(s)$ 的零点和极点外的任意点 s_i，均可在 $F(s)$ 平面上找到与之对应的点 $F(s_i)$。所以，复函数 $F(s)$ 就是从 s 平面到 $F(s)$ 平面的映射，这种映射是一一对应的。在 s 平面上任选一条闭合路径 Γ_s，它不通过 $F(s)$ 的任一零点和极点，s 沿 Γ_s 顺时针运动一周，则相应地在 $F(s)$ 平面上亦形成一条闭合路径 $\widetilde{A}_F$。

不失一般性，取 s 平面上 $F(s)$ 的零点、极点及闭合路径，如图 5－5(a) 所示。

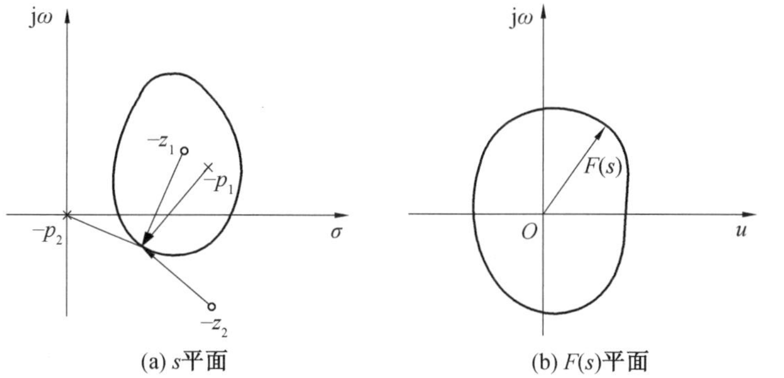

图 5－5　辐角定理示意图

当 s 沿 Γ_s 绕行时，$\angle(s+z_i)$ 和 $\angle(s+p_j)$ 将随之变化。若 $F(s)$ 的零点（如 $-z_2$）、极点（如 $-p_2$）在 Γ_s 之外，则 s 沿 Γ_s 绕一圈，其相角变化皆等于零；若 $F(s)$ 的零点或极点（如 $-z_1$ 或 $-p_1$）在 Γ_s 之内，则 s 沿 Γ_s 顺时针方向绕一圈，矢量 $(s+z_i)$ 或 $(s+p_j)$ 相角变化为 -2π。

由式(5－26) 得

$$F(s)=\frac{\prod_{i=1}^{n}(s+z_i)}{\prod_{j=1}^{n}(s+p_j)}=|F(s)|\angle F(s)=|F(s)|\angle\left[\sum_{i=1}^{n}\varphi_i-\sum_{j=1}^{n}\theta_j\right] \quad (5-27)$$

式中，$\sum_{i=1}^{n}\varphi_i=\sum_{i=1}^{n}\angle(s+z_i)$ 为 $F(s)$ 所有零点辐角之和；$\sum_{j=1}^{n}\theta_j=\sum_{j=1}^{n}\angle(s+p_j)$ 为 $F(s)$ 所有极点幅角之和。

假设 $F(s)$ 在 Γ_s 之内有 Z 个零点和 P 个极点，当 s 沿 Γ_s 顺时针方向绕行一圈时，$F(s)$ 的相角变化为

$$\Delta\angle F(s)=\sum_{i=1}^{n}\varphi_i-\sum_{j=1}^{n}\theta_j=-2\pi(Z-P) \quad (5-28)$$

相角变化 -2π 相当于 Γ_s 按顺时针方向包围 $F(s)$ 平面的坐标原点一圈。故表示 Γ_F 包围 $F(s)$ 平面坐标原点的圈数为 $N=P-Z$；Γ_F 顺时针包围原点，N 为负；Γ_F 逆时针包围

原点，N 为正。

辐角定理：假定在 s 平面上取闭合路径 Γ_s，包围 $F(s)$ 的零点数为 Z、极点数为 P，s 顺时针方向沿 Γ_s 绕一圈，则在 $F(s)$ 平面上与之对应的闭合路径 Γ_F 绕原点的圈数为

$$N = P - Z \tag{5-29}$$

若 $N > 0$，则 Γ_F 逆时针包围原点；若 $N = 0$，则 Γ_F 不包围原点；若 $N < 0$，则 Γ_F 顺时针包围原点。

二、奈氏稳定性判据

（一）奈氏路径

现取闭合路径 Γ_s，它包围整个 s 右半平面，s 按顺时针方向沿着 $-\mathrm{j}\infty \to \mathrm{j}0 \to \mathrm{j}\infty \to -\mathrm{j}\infty$ 绕行，其中从 $\mathrm{j}\infty \to -\mathrm{j}\infty$ 是沿半径 $r \to \infty$ 的半圆顺时针绕行，如图 5－6(a) 所示。这个闭合路径称为奈氏路径。

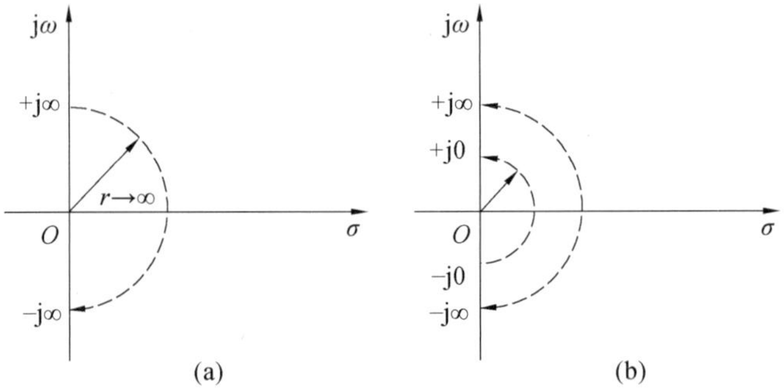

图 5－6　奈氏路径

若 Γ_s 之内有 $F(s)$ 的 Z 个零点和 P 个极点，则根据辐角定理，$F(s)$ 在 Γ_s 内的零点数（即闭环系统的极点数）应为

$$Z = P - N \tag{5-30}$$

显然，$Z = 0$ 时系统稳定。此时，闭环系统稳定的充分必要条件可表述为

$$N = P \tag{5-31}$$

如果 $P=0$，则闭环系统稳定的充分必要条件就是 $N=0$；若 $N \neq 0$，则 Γ_F 包围 $F(s)$ 平面原点的圈数 N 就等于系统不稳定的特征根数。

（二）奈奎斯特稳定判据

在 $F(s)$ 平面上与奈氏路径 Γ_s 相映射的闭合路径 Γ_F，即为 $F(s)$ 曲线。前面的分析是

根据 $F(s)$ 曲线包围 $F(s)$ 平面原点的圈数 N 来判别系统不稳定的特征根数 Z。由于

$$W_K(s)=F(s)-1 \tag{5-32}$$

所以，$F(s)$ 曲线包围 $F(s)$ 平面原点的圈数相当于 $W_K(s)$ 曲线包围 W_K 平面 $(-1,\mathrm{j}0)$ 点的圈数。$W_K(s)$ 曲线即为系统开环幅相频率特性曲线。由此可得闭环系统稳定的充分必要条件：

$W_K(\mathrm{j}\omega)$ 曲线（ω 自 $-\infty\to+\infty\to-\infty$）包围 W_K 平面 $(-1,\mathrm{j}0)$ 点的圈数为

$$N=P-Z \tag{5-33}$$

对于最小相位系统，$P=0$，所以闭环系统稳定的充分必要条件是：$W_K(\mathrm{j}\omega)$ 曲线不包围 W_K 平面 $(-1,\mathrm{j}0)$ 点，即 $N=0$。对于非最小相位系统，闭环系统稳定的充分必要条件是：$W_K(\mathrm{j}\omega)$ 曲线包围 W_K 平面 $(-1,\mathrm{j}0)$ 点的圈数 $N=P$；如果 $W_K(\mathrm{j}\omega)$ 曲线穿越 W_K 平面 $(-1,\mathrm{j}0)$ 点，则闭环系统就是临界稳定的。这就是奈奎斯特(Nyquist)稳定判据，简称奈氏判据，它是频率法的系统稳定性判据。奈氏判据是根据系统的开环频率特性，来研究闭环系统稳定性的图解判据，同时能确定系统的相对稳定性。

三、对数频率稳定判据

因 ω 自 $-\infty\to-0\to+0\to+\infty\to-\infty$ 时，$W_K(\mathrm{j}\omega)$ 奈氏曲线对称于实轴，因此，实际应用中常常只画 $\omega=0\to\infty$ 的那一部分，即半闭合曲线 $W_K(\mathrm{j}\omega)$。为了更好地判断其包围 $(-1,\mathrm{j}0)$ 点的圈数，在 W_K 平面上定义如下概念：

正穿越一次：$W_K(\mathrm{j}\omega)$ 曲线由上向下穿越 $(-1,\mathrm{j}0)$ 点左侧的负实轴一次，用 N_+ 表示。

负穿越一次：$W_K(\mathrm{j}\omega)$ 曲线由下向上穿越 $(-1,\mathrm{j}0)$ 点左侧的负实轴一次，用 N_- 表示。

正穿越半次：$W_K(\mathrm{j}\omega)$ 曲线由上向下终止于或起始于 $(-1,\mathrm{j}0)$ 点左侧的负实轴。

负穿越半次：$W_K(\mathrm{j}\omega)$ 曲线由下向上终止于或起始于 $(-1,\mathrm{j}0)$ 点左侧的负实轴。

注意到，如果 $\omega=0\to\infty$ 变化时，$W_K(\mathrm{j}\omega)$ 曲线按逆时针方向绕 $(-1,\mathrm{j}0)$ 点一圈，则必正穿越一次；反之，若顺时针方向绕 $(-1,\mathrm{j}0)$ 点一圈，则必负穿越一次。

根据正负穿越可将奈氏稳定判据表述如下：对于最小相位系统，$P=0$，当 $\omega=0\to\infty$，在复平面上 $W_K(\mathrm{j}\omega)$ 正穿越和负穿越次数之差为 0 时，闭环系统是稳定的，否则闭环系统不稳定；对于非最小相位系统，设系统开环传递函数有 P 个极点在右半 s 平面，当 $\omega=0\to\infty$，在复平面上 $W_K(\mathrm{j}\omega)$ 正穿越和负穿越次数之差为 $P/2$ 时，闭环系统是稳定的，否则闭环系统不稳定。

开环系统幅相频率特性与对数频率特性之间存在如下对应关系(图 5－7):$W_K(j\omega)$ 平面上,$|W_K(j\omega)|=1$ 的单位圆,对应于对数幅频特性的 0 分贝线;$W_K(j\omega)$ 平面上单位圆外的区域,对应于对数幅频特性 0 分贝线以上的区域;$W_K(j\omega)$ 平面上的负实轴,对应于对数相频特性上的 $\varphi(\omega)=-180°$ 线。由此,正负穿越的概念可在半对数坐标平面上定义:当幅相频率特性正穿越时,相角位移有正的增量,等价于在 $L(\omega)>0$ dB 时,$\varphi(\omega)$ 由下向上穿越 $-180°$ 线;当幅相频率特性负穿越时,相角位移有负的增量,等价于在 $L(\omega)>0$ dB 时,$\varphi(\omega)$ 由上向下穿越 $-180°$ 线,如图 5－7(b) 所示。

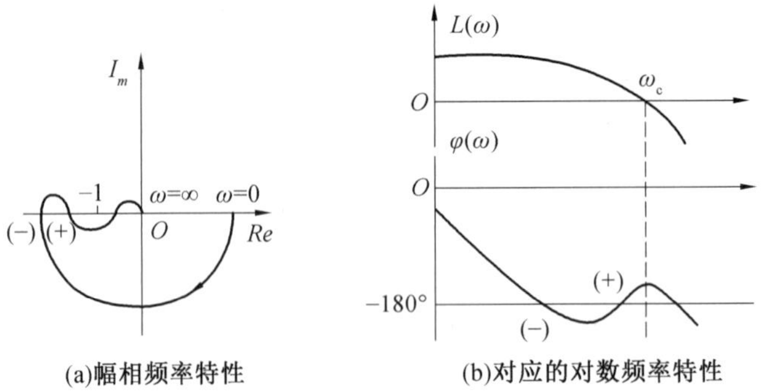

图 5－7　频率特性的正负穿越

根据上述对应关系,利用对数频率特性判断闭环系统稳定性的奈氏稳定判据表述如下:对于最小相位系统,$P=0$,则在 $L(\omega)>0$ dB 的所有频段内,对数相频特性与 $-180°$ 线正穿越和负穿越次数之差为 0 时,闭环系统是稳定的,否则闭环系统不稳定;对于非最小相位系统,设系统开环传递函数有 P 个极点在右半 s 平面,则在 $L(\omega)>0$ dB 的所有频段内,对数相频特性与 $-180°$ 线正穿越和负穿越次数之差为 $P/2$ 时,闭环系统是稳定的,否则闭环系统不稳定。

四、系统的稳定裕量

在频域法中,闭环系统稳定性取决于 $W_k(j\omega)$ 曲线包围$(-1,j0)$ 点的圈数,在稳定性研究中,称$(-1,j0)$ 点为临界点,$W_k(j\omega)$ 曲线相对于临界点的程度反映系统的相对稳定性。进一步分析和工程应用表明,相对稳定性亦影响系统时域响应的性能。

在系统的开环频率特性中,度量相对稳定性的指标是相位裕量和增益裕量。

(一) 相位裕量

系统幅值 $A(\omega_C)=1$ 或 $L(\omega_C)=0$ 时的角频率 ω_C 称为系统的幅值穿越频率,用相角位

移 $\varphi(\omega_C)$ 距离 $-180°$ 的角度值来衡量系统的相对稳定性，称为相位裕量 $\gamma(\omega_C)$，如图 5－8 所示，即

$$\gamma(\omega_C)=180°+\varphi(\omega_C) \tag{5-34}$$

相角位移 $\varphi(\omega)$ 是从正实轴算起，顺时针方向取负。而相位裕量 $\gamma(\omega_C)$ 是从负实轴算起，逆时针方向规定为正，顺时针方向为负。

相位裕量 $\gamma(\omega_C)$ 的含义是，对于闭环稳定系统，如果系统开环相频特性再滞后 $\gamma(\omega_C)$ 度，则系统将处于临界稳定状态。为了使最小相位系统稳定，$\gamma(\omega_C)$ 必须是正值。

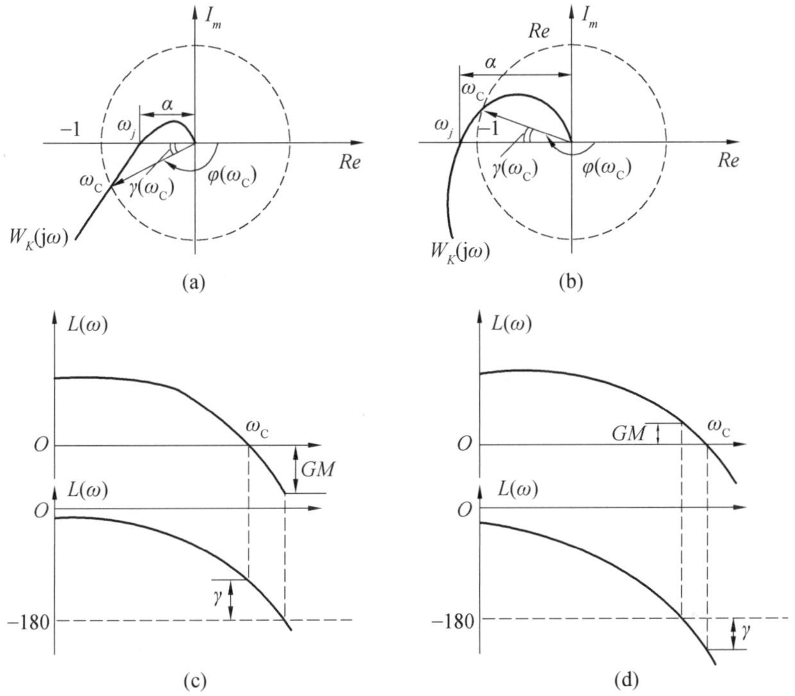

图 5－8　相位裕量

(二) 增益裕量

在相角位移 $\varphi(\omega_j)=-180°$ 时的角频率 ω_j 称为相位穿越频率；在 $\omega=\omega_j$ 时，幅相频率特性的幅值 $A(\omega)$ 的倒数称为系统的增益裕量，记为 GM。

$$GM=\frac{1}{A(\omega_j)}=\frac{1}{\alpha} \tag{5-35}$$

增益裕量 GM 的含义是，对于闭环稳定的系统，如果系统开环幅频特性再增大 GM 倍，则系统将处于临界稳定状态。

对数坐标下，增益裕量按下式定义：

$$GM = 20\lg \frac{1}{\alpha} = -20\lg \alpha = -20\lg A(\omega_j)\ \mathrm{dB} \tag{5-36}$$

当 $\alpha < 1$ 时，增益裕量的分贝数为正值，对于最小相位系统，闭环系统稳定；当 $\alpha > 1$ 时，增益裕量的分贝数为负值，对于最小相位系统，闭环系统不稳定；当 $\alpha = 1$ 时，增益裕量的分贝数为零，对于最小相位系统，闭环系统临界稳定。

控制系统的相位裕量 $\gamma(\omega_C)$ 和增益裕量 GM 是极坐标图对$(-1,j0)$点靠近程度的一种度量。因此，这两个量可以用来作为设计准则。但是，仅用增益裕量或者仅用相位裕量都不足以说明系统的相对稳定性。为了确定系统的相对稳定性，必须同时给出这两个量。

为了得到较好的动态性能，要求相位裕量应当在 $\gamma(\omega_C) = 30° \sim 60°$ 之间，而增益裕量 $GM \geqslant 6$ dB。对于最小相位系统而言，为保证系统有足够的相位裕量，对数幅频特性应以 -20 dB/dec 的斜率穿越 0 dB 线。如果以 -40 dB/dec 的斜率穿越 0 dB 线，则可能是不稳定的，即使稳定，其相位裕量也比较小。

第三节　控制系统的频域性能分析

一、开环频率特性分析

在时域分析中，时域性能指标有明确的物理意义，是反映系统过渡过程进行的快慢，以及振荡的强弱和相对稳定性的高低的。系统的相对稳定性可以用稳定裕量衡量，开环对数频率特性中的幅值穿越频率也对系统有很大影响。因此在频率特性分析中，常用幅值穿越频率 ω_C 和相位裕量 $\gamma(\omega_C)$ 这两个特征量来分析系统的性能。

频域性能指标与时域性能指标都能反映系统的过渡过程，它们之间必定会有对应的关系。这里将找出频域特性的特征量和系统暂态性能指标之间的关系。

对数幅频渐近特性斜率线段标记如表 5－1。

表 5－1　对数幅频渐近特性斜率线段标记

渐近线斜率	标记	渐近线斜率	标记
0 dB/dec	0	－40 dB/dec	－2
20 dB/dec	1	－60 dB/dec	－3
－20 dB/dec	－1	…	…

(一) 基于伯德图的系统稳态性能分析

系统的稳态性能是由系统的开环增益 K 和系统在原点的开环极点数 N(系统的类型)决定的,K 和 N 一旦被确定,系统的稳态误差系数 K_P、K_V、K_a 也就被确定了。在伯德图上很容易确定 K 和 N 这两个参数。

根据开环系统对数幅频特性

$$L(\omega)=20\lg K-20\times N\lg\omega+\sum_{i=1}^{m}20\lg\sqrt{(T_i\omega)^2+1}-\sum_{j=1}^{n-N}20\lg\sqrt{(T_j\omega)^2+1} \tag{5-37}$$

在低频段,即认为 $\omega<\frac{1}{T_i},\omega<\frac{1}{T_j}$,则对数幅频特性可写成

$$L(\omega)=20\lg K-20\times N\lg\omega \tag{5-38}$$

显然,开环增益 K 和系统型数 N 的确定发生在低频段。

1. 0 型系统

0 型系统对数幅频特性的低频部分如图 5－9 所示。由图可知,低频段斜率为 0,其幅值为 $20\lg K$,则可以确定稳态位置误差系数 K_P。

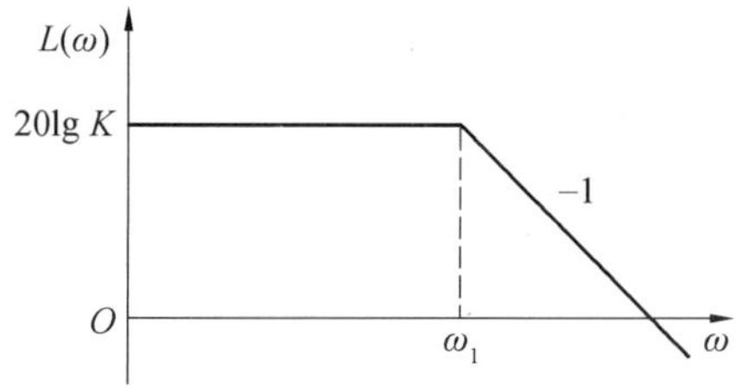

图 5－9　0 型系统对数幅频特性的低频部分

2. Ⅰ 型系统

Ⅰ 型系统对数幅频特性的低频部分如图 5－10 所示。可以发现,低频段斜率为 -20 dB/dec,与 0 分贝线交点(图 5－10(a))或低频段延长线与 0 分贝线交点(如图 5－10(b))的频率为 K;低频渐近线或其延长线过 $[\omega=1,L(\omega)=20\lg K]$ 点。由此可以确定 K,可以确定稳态速度误差系数 K_V。

3. Ⅱ 型系统

Ⅱ 型系统对数幅频特性的低频部分如图 5－11 所示。可以发现,低频段斜率为 -40 dB/dec,与 0 分贝线交点(图 5－11(a))或低频段延长线与 0 分贝线交点(图 5－11(b))的频率为 $\sqrt{K}$;低频渐近线或其延长线过 $[\omega=1,L(\omega)=20\lg K]$ 点。由此可

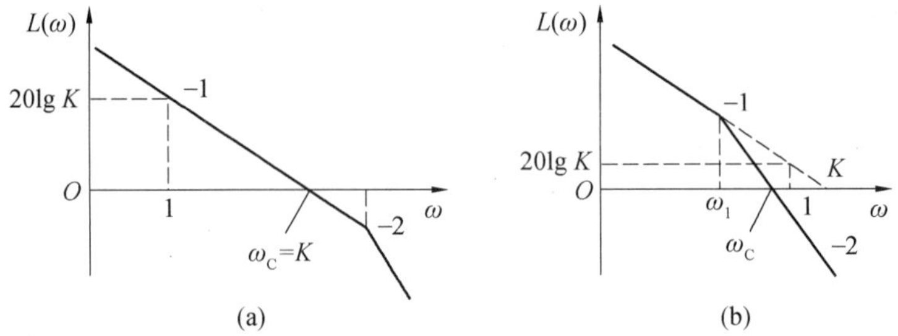

图 5－10　Ⅰ 型系统对数幅频特性的低频部分

以确定 K，可以确定稳态加速度误差系数是 K_a。

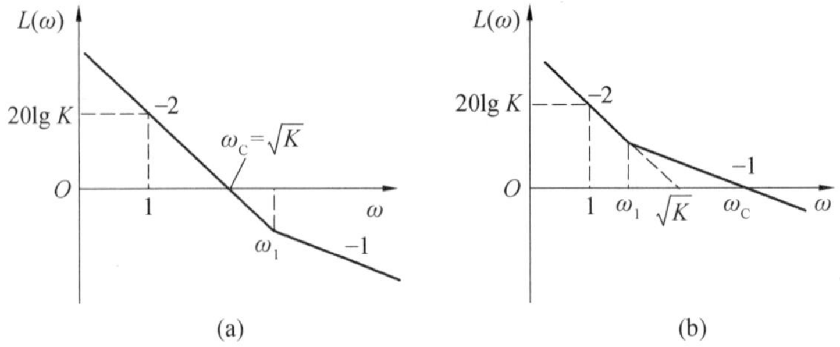

图 5－11　Ⅱ 型系统对数幅频特性的低频部分

（二）频率特性的两个基本关系

1. 控制系统频域描述与时域描述的对应关系

已知两个控制系统：系统 1 和系统 2。其传递函数的对应关系如下：

$$W_2(s)=W_1(\alpha s) \tag{5－39}$$

式中，α 为任意正常数。

则两个系统的频率特性亦有

$$W_2(\mathrm{j}\omega)=W_1(\alpha\mathrm{j}\omega) \tag{5－40}$$

图 5－12(a) 为两系统的对数幅频特性，从图中可看出系统 1 和系统 2 的伯德图形状上一致，但系统 2 的伯德图是系统 1 的伯德图的平移，即系统 1 的幅值穿越频率 ω_{C1} 是系统 2 的幅值穿越频率 ω_{C2} 的 α 倍。

这种关系也可表现在时域描述中，但平移方向是相反的。两系统的阶跃响应为

$$x_{c1}(t)=L^{-1}[X_{c1}(s)]=L^{-1}\left[\frac{1}{s}W_1(s)\right] \tag{5－41}$$

$$x_{c2}(t)=L^{-1}\left[\frac{1}{s}\cdot W_2(s)\right]=L^{-1}\left[\alpha\cdot\frac{1}{\alpha s}\cdot W_1(\alpha s)\right]=L^{-1}[\alpha\cdot X_{c1}(\alpha s)] \tag{5－42}$$

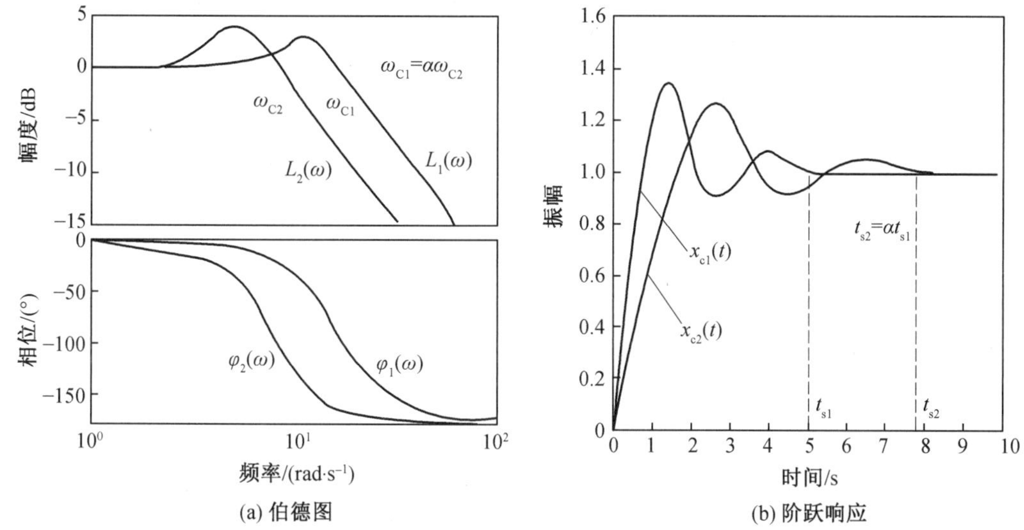

图 5－12　频域与时域的反比特性

根据拉氏变换的相似定理

$$L\left[f\left(\frac{1}{\alpha}t\right)\right]=\alpha F(\alpha s) \tag{5-43}$$

则系统 2 的阶跃响应为

$$x_{c2}(t)=L^{-1}[\alpha\cdot X_{c1}(\alpha s)]=x_{c1}\left(\frac{1}{\alpha}t\right) \tag{5-44}$$

两系统阶跃响应曲线如图 5－12(b) 所示。从图中可以看出，系统 1 比系统 2 的幅值穿越频率大 α 倍，时间响应 $x_{c1}(t)$ 比 $x_{c2}(t)$ 快 α 倍，即频域描述与时域描述成反比。

2. 开环对数幅频特性的斜率和相频特性的关系

应用伯德图来分析和设计系统，是以波特定理为基础的。波特定理指出，在最小相位系统中，对数幅频特性渐近线的斜率与相角位移有对应关系，若对数幅频特性的斜率为 $-20N$ dB/dec(N 为任一整数)，则对应于相角位移为 $-90°\times N$，且幅频特性和相频特性之间的关系是唯一的。在某一频率 ω_k 时，当然是由整个频率范围内的对数幅频特性斜率来确定的，但是在频率 ω_k 时的对数幅频特性斜率，对确定 ω 时的相角位移起的作用最大；离 ω_k 越远的幅频特性斜率起的作用越小。这种对应关系如图 5－13 所示。

根据波特定理，系统的幅值穿越频率 ω_C 处的对数幅频特性斜率对相位裕量的影响最为显著，而远离 ω_C 的频率范围内的特性斜率影响则相对较小。因此，为了确保系统拥有充足的相位裕量，通常期望中频段的对数幅频特性能够保持 －20 dB/dec 的斜率。然而，在实际系统中，对数幅频特性的斜率并非在整个频率范围(从 0 到 ∞) 内都保持不变。因

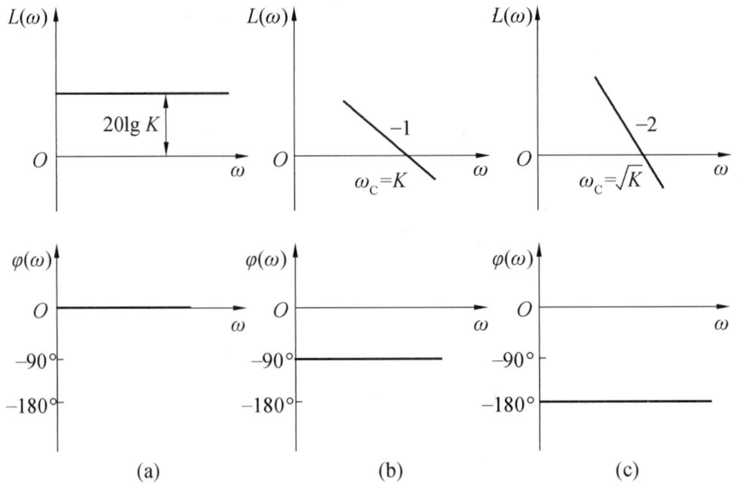

图 5－13　对数幅频特性斜率与相位的关系

此，ω_C 点的相角位移不仅受到 ω_C 点本身特性斜率的影响，还受到其邻近频率范围内对数幅频特性斜率的变化的影响。

下面分析低频、高频段特性斜率的变化及开环放大系数的改变对相位裕量的影响，了解这些特点对分析系统品质、确定系统暂态性能都是很有用的。

（三）低频段和高频段特性斜率的影响

1. 低频段特性

如图 5－14 虚线所示的系统只有一条斜率为－20 dB/dec 的渐近线，在此系统的基础上将低频段渐近线斜率增大为－40 dB/dec，高频段渐近线斜率不变，如图 5－14 实线所示系统。下面分析两系统相位裕量的变化。

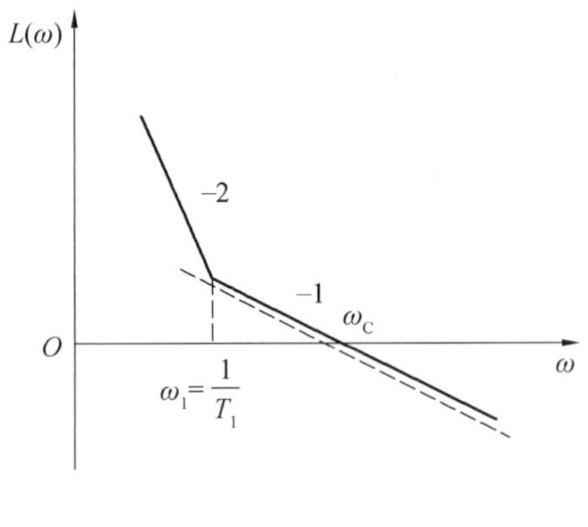

图 5－14　低频段对相位裕量的影响

对于虚线所示特性曲线，其所对应的频率特性表达式为

$$W_K(\mathrm{j}\omega)=\frac{K}{\mathrm{j}\omega} \tag{5-45}$$

相频特性为

$$\varphi(\omega)=-90^\circ \tag{5-46}$$

相位裕量为

$$\gamma(\omega_C)=180^\circ+\varphi(\omega_C)=90^\circ \tag{5-47}$$

对于实线所示特性曲线，其所对应的频率特性表达式为

$$W_K(\mathrm{j}\omega)=\frac{K_1(\mathrm{j}\omega T_1+1)}{(\mathrm{j}\omega)^2} \tag{5-48}$$

相频特性为

$$\varphi(\omega)=-2\times 90^\circ+\arctan\omega T_1 \tag{5-49}$$

相位裕量为

$$\gamma(\omega_C)=180^\circ+\varphi(\omega_C)=\arctan\omega_C T_1=\arctan\frac{\omega_C}{\omega_1}<90^\circ \tag{5-50}$$

因此，实线所示系统比虚线所示系统的相位裕量较小，即在低频段有更大斜率的线段时，稳定裕量减小，减小的程度与$\frac{\omega_C}{\omega_1}$的值有关。但可看出，只要$\frac{\omega_C}{\omega_1}>1$，即只要$-1$特性过0分贝线，相位裕量不会小于45°。

2. 高频段特性

如图5－15虚线所示的系统只有一条斜率为－20 dB/dec的渐近线，在此系统的基础上将高频段渐近线斜率增大为－40 dB/dec，低频段渐近线斜率不变，如图5－15实线所示系统。下面分析两系统相位裕量的变化。

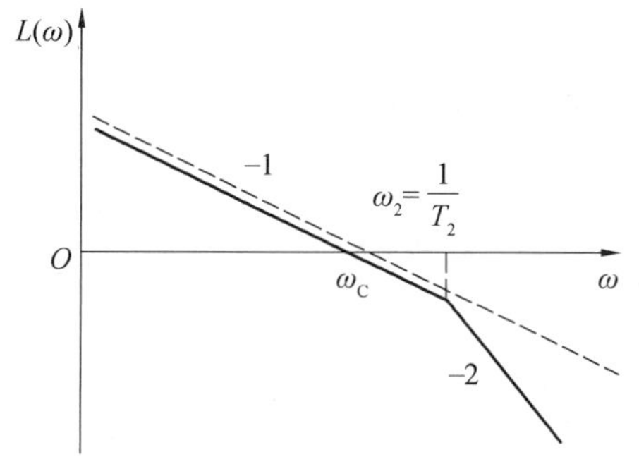

图5－15　高频段对相位裕量的影响

对于虚线所示特性曲线，其所对应的频率特性表达式为

$$W_K(\mathrm{j}\omega)=\frac{K}{\mathrm{j}\omega} \tag{5-51}$$

同上，相位裕量为 90°。

对于实线所示特性曲线，其所对应的频率特性表达式为

$$W_K(\mathrm{j}\omega)=\frac{K_1}{\mathrm{j}\omega(\mathrm{j}\omega T_2+1)} \tag{5-52}$$

相频特性为

$$\varphi(\omega)=-90°-\arctan\omega T_2 \tag{5-53}$$

相位裕量为

$$\gamma(\omega_C)=180°+\varphi(\omega_C)=90°-\arctan\omega_C T_2=\arctan\frac{\omega_2}{\omega_C}<90° \tag{5-54}$$

因此，实线所示系统比虚线所示系统的相位裕量较小，即在高频段有更大斜率的线段时，稳定裕量减小，减小的程度与$\frac{\omega_2}{\omega_C}$的值有关。同样，只要$\frac{\omega_2}{\omega_C}>1$，即只要 −1 特性过 0 分贝线，相位裕量不会小于 45°。

二、闭环系统频率特性

利用开环对数频率特性来分析和设计系统，无疑是一种极为便捷且实用的方法。然而，需要注意的是，当我们以开环对数频率特性的相位裕量和增益裕量作为系统分析与设计的依据时，这实际上只是一种近似的方法，其准确性在一定程度上受限于系统的具体特性和工作环境。

为了更深入地分析和设计系统，我们往往需要借助闭环系统的频率特性。闭环频率特性与开环频率特性之间存在着紧密的联系和转换关系，通过深入探究这两者之间的关系，可以更全面地了解系统的动态行为，为系统的优化和设计提供更为准确的依据。因此，在系统的分析与设计过程中，闭环频率特性的考虑显得尤为重要。

单位反馈系统的闭环系统频率特性为

$$W_B(\mathrm{j}\omega)=\frac{W_K(\mathrm{j}\omega)}{1+W_K(\mathrm{j}\omega)}=M(\omega)\mathrm{e}^{\mathrm{j}\theta(\omega)} \tag{5-55}$$

式中，$M(\omega)$ 为闭环系统频率特性的幅值；$\theta(\omega)$ 为闭环系统频率特性的相角。

在开环幅相频率特性上（图 5−16）可以看出，$W_K(\mathrm{j}\omega)$ 矢量的模即图中的 OA，$1+W_K(\mathrm{j}\omega)$ 矢量的模为 PA。OA 与 PA 比即闭环频率特性的幅值 $M(\omega)$。

$$M(\omega)=\frac{OA}{PA}=\left|\frac{W_K(\mathrm{j}\omega)}{1+W_K(\mathrm{j}\omega)}\right| \tag{5-56}$$

OA 与 PA 的夹角 θ，即闭环频率特性的相角。

由图 5－16 可见，用开环幅相频率特性图能够定性地得出闭环频率特性的幅值 $M(\omega)$ 与系统相对稳定性的关系。

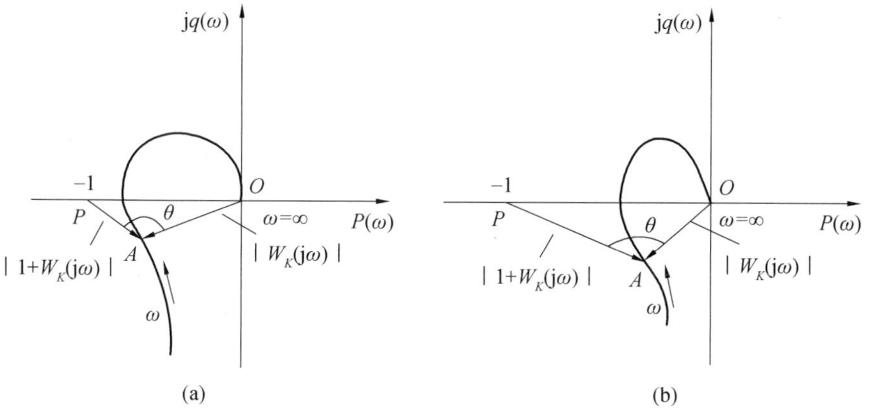

图 5－16　由开环频率特性确定闭环频率特性

对于如图 5－16 所示的开环频率特性，当 $\omega\to 0$ 时，$M(\omega)\to 1$。有单位反馈的 Ⅰ 型、Ⅱ 型系统都具有这一特征。当幅相特性达到(－1，j0)点的邻近区域时，对于如图 5－16(a)所示系统，随着 ω 的增加，$|1+W_K(\mathrm{j}\omega)|$ 减小得比 $|W_K(\mathrm{j}\omega)|$ 快。所以，在某一频率 ω 上，M 将有一峰值，即谐振峰值 M_p，其频率为谐振角频率 ω_p。对于如图 5－16(b)所示系统，$|1+W_K(\mathrm{j}\omega)|$ 减小得比 $|W_K(\mathrm{j}\omega)|$ 慢，这时将不出现谐振峰值。在开环频率特性图上，取不同的 ω 值，求出对应的 $M(\omega)=\dfrac{OA}{PA}$，绘成曲线，即为闭环幅频特性曲线，如图 5－17 所示。曲线 a 存在闭环谐振峰值，曲线 b 不存在闭环谐振峰值。

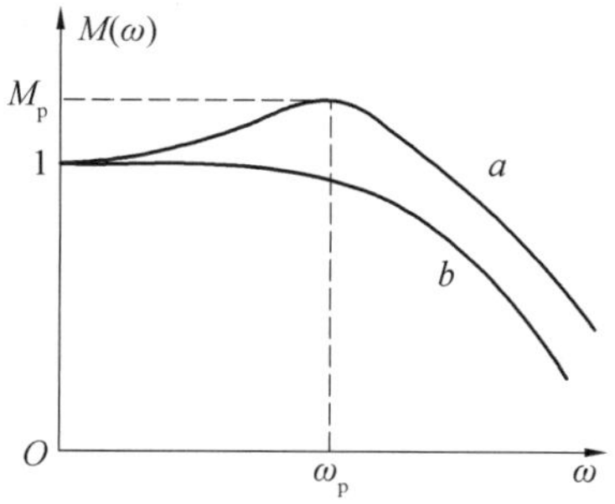

图 5－17　闭环系统幅频特性

第四节　MATLAB 在频域分析法中的应用

一、用 MATLAB 作频率特性图

(一) 奈氏图

MATLAB 命令为[re,im,w]=nyquist(sys)。

该命令是计算开环系统 sys 幅相频率特性的实部、虚部及相应的频率,并将结果存放于向量 re、im 和 w 中。当缺省输出变量时,不给出响应数值,只显示奈氏曲线图形。grid 命令可以在 nyquist 图上叠印出等 M 圆。

(二) 伯德图

MATLAB 命令为[mag,phase,w]=bode(sys)。

该命令是计算开环系统 sys 的幅值、相角及相应的频率,并将结果存放于向量 mag、phase 和 w 中。当缺省输出变量时,不给出响应数值,只显示伯德图。

(三) 尼柯尔斯图

MATLAB 命令为 nichols(sys)。

该命令是直接绘制系统 sys 的 nichols 图,其调用格式与 bode(sys) 一致。grid 命令可以在尼氏图上叠印出等 M 曲线和等 θ 曲线。

二、稳定性分析

在频域中,稳定性分析的理论基础是 nyquist 稳定性定理,可根据 nyquist 图对 (−1,j0) 点的包围情况来判断,也可在伯德图中由相频特性的稳定裕量来判断。

三、相对稳定性分析

MATLAB 命令为[Gm,Pm,Wcg,Wcp]=margin(sys)。

该命令是计算系统的增益裕量和相位裕量,以及幅值穿越频率和相角穿越频率。当缺省输出量时,在当前窗口绘制系统的伯德图,并标出相位裕量和增益裕量,以及相角穿越频率和幅值穿越频率。

MATLAB 提供的函数都允许用户选择特性分析功能,例如,在系统的伯德图上,若右击鼠标则得出快捷菜单;在 Characteristics 菜单项中可以选择稳定性相关的菜单项,可

以得到对系统频域分析的关键点。其他函数，如 nyquist() 和 nichols() 都支持自己的 Characteristics 菜单选择。

例如单位负反馈控制系统的开环传递函数为

$$W_K(s)=\frac{29}{s(0.0216s+1)(0.0268s+1)}$$

MATLAB 程序：

```
figure(1)                                          % 建立图形窗口(1)
n=[29];
d=conv([1 0],conv([0.0216 1],[0.0268 1]));         % 建立开环系统模型
nyquist(n,d)                                       % 在图形窗口(1) 绘制奈氏曲线
axis([-1.2 0.2 -1.2 1.2]);
grid
figure(2)                                          % 建立图形窗口(2)
bode(n,d)                                          % 在图形窗口(2) 绘制伯德图
grid
figure(3)                                          % 建立图形窗口(3)
nichols(n,d)                                       % 在图形窗口(3) 绘制尼氏图
axis([-225 0 -10 40])
ngrid
[Gm PmWcgWcp]=margin(n,d)
```

% 在命令窗口输出增益裕量 Gm 及对应的相位穿越频率 Wcg、相位裕量 Pm 及对应的穿越频率 Wcp。

① 相位裕量：$\gamma(\omega_c)=33.23°$，穿越频率：$\omega_c=41.56$ rad/s；

② 增益裕量：$GM=9.19$ dB，幅值穿越频率：$\omega_j=22.39$ rad/s；

③ 谐振峰值：$M_p=5.18$ dB，谐振频率：$\omega_p=24.64$ rad/s；

④ 频带宽：$\omega_b=37.7$ rad/s，$M(\omega)=-3$ dB。

在 MATLAB 仿真结果的系统奈氏图（图 5－18）上，当 ω 从 $-\infty$ 到 $+\infty$ 时，奈氏曲线没有包围(－1，j0) 点，原开环系统为最小相位系统，则闭环系统稳定。

稳定性也可以根据稳定裕量判别，单击鼠标右键，在选项“characteristics”中选择“stability(Minimum Crossing)”，可得到辅助单位圆，以及相位裕量和增益裕量的点。

在伯德图和尼柯尔斯图中也可以很容易地读出相位裕量和增益裕量的数值，得到 $\gamma(\omega_c)=33.23°$，$GM=9.19$ dB，则闭环系统稳定。

在尼柯尔斯图(图 5－19)中，可得出尼氏曲线与 $M(\omega)=5.18$ dB 的等 M 线相切，则可以确定闭环谐振峰值为 $M_p=5.18$ dB，且相应的谐振频率为 $\omega_p=24.64$ rad/s。带宽 ω_b 是 $M(\omega)=-3$ dB 时的角频率，从图中可得出曲线与 －3 dB 的等 $M(\omega)$dB 曲线的交点对应的角频率就是带宽，可以得到 $\omega_b=37.7$ rad/s。

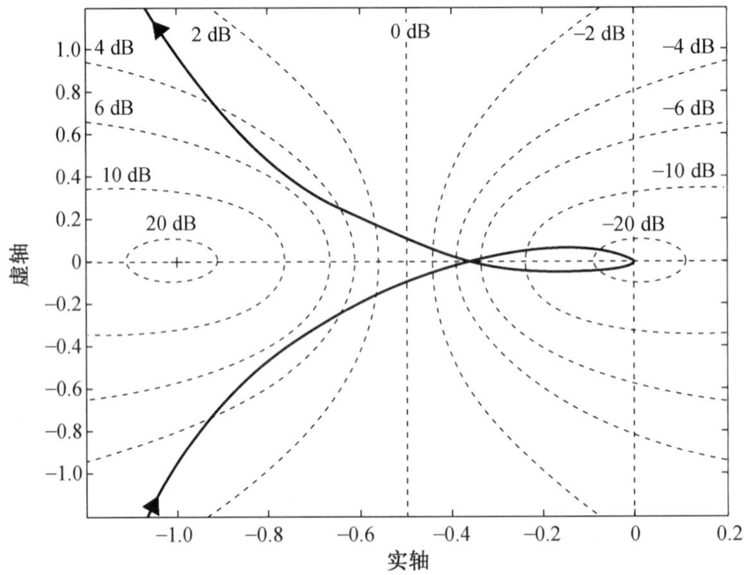

图 5－18　奈奎斯特图

可结合伯德图(图 5－20)来求取 ω_p 和 ω_b，在叠印等 M 线的尼柯尔斯图上找到 $M_p=5.18$ dB 和 $M(\omega)=-3$ dB 对应的开环对数幅值 $L_p(\omega)=-1.19$ dB 和 $L_b(\omega)=-7.56$ dB，并且在伯德图上可以找到相应的角频率，$\omega_P=24.64$ rad/s 和 $\omega_b=37.7$ rad/s。

在奈氏图(图 5－18)中也可以叠印等 M 线，幅相频率特性曲线与 $M(\omega)=5.18$ dB 的等 M 线相切，则可以确定 $M_p=5.18$ dB 和 $\omega_p=24.64$ rad/s。带宽 ω_b 是幅相频率特性曲线与 $M(\omega)=-3$ 的等 M 线相交时的角频率，即 $\omega_b=37.7$ rad/s。

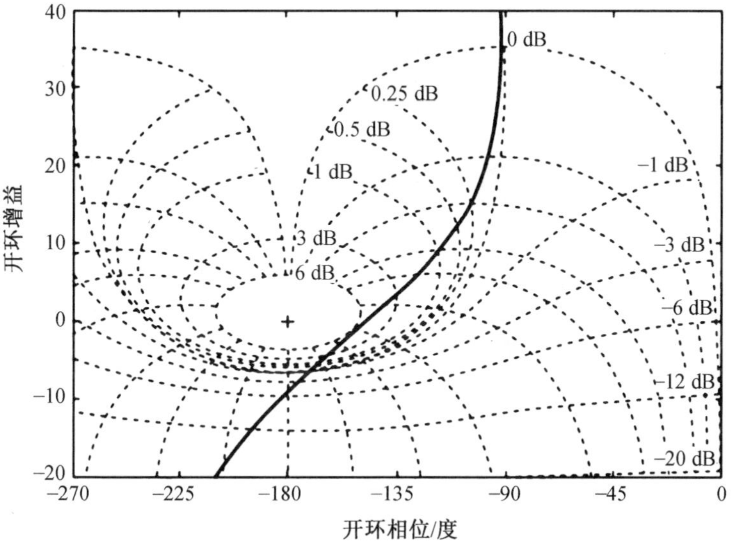

图 5－19 系统尼柯尔斯图

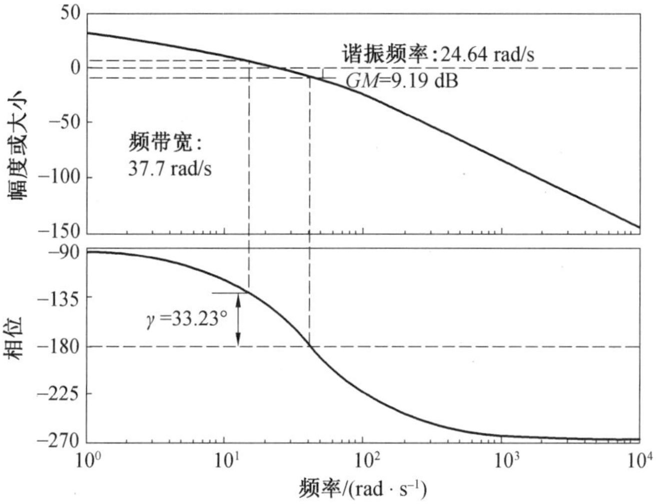

图 5－20 系统伯德图

第六章　线性控制系统的校正与综合

第一节　系统设计与校正的基本问题

一、校正的基本概念

从实际应用的角度出发，系统的校正与综合无疑是一项极具挑战性的工程任务，它要求我们全面考量众多因素的影响。在这一过程中，不仅要确保系统能够满足既定的技术指标要求，还要兼顾系统设计、测试及加工的便捷性，同时更要保证系统的可靠性，以确保其在各种工况下都能稳定运行。

在工程实践中，我们经常需要根据具体的控制需求，精心设计相应的校正系统，以使系统的各项性能指标都能达到或超越预期值。这种对自动控制系统引入校正环节，以优化其性能指标的设计过程，就是我们常说的系统的校正与综合。

相对于控制系统的分析问题，系统的校正与综合问题实际上是一个逆向的过程。它要求我们不仅要深入理解系统的现有特性，还要具备前瞻性的思维，通过巧妙的校正设计，使系统达到我们期望的性能水平。

二、校正方式

校正装置加入系统中的位置不同，所起的校正作用则不同，通常依据校正装置与系统不可变部分的连接方式，分为串联校正、反馈校正和复合校正 3 种基本的校正方式。

(一) 串联校正

与系统不可变部分成串联连接的方式称为串联校正，如图 6－1 所示，其中 $G_0(s)$ 表示被控对象的固有特性，而 $G_c(s)$ 为校正装置的传递函数。由于串联校正装置位于低能源端，从设计到具体实现都比较简单，成本低、功耗比较小，因此设计中常常使用这种方式。但也因为串联校正装置通常安置在前向通道的前端，其主要问题是对参数变化比较敏感。

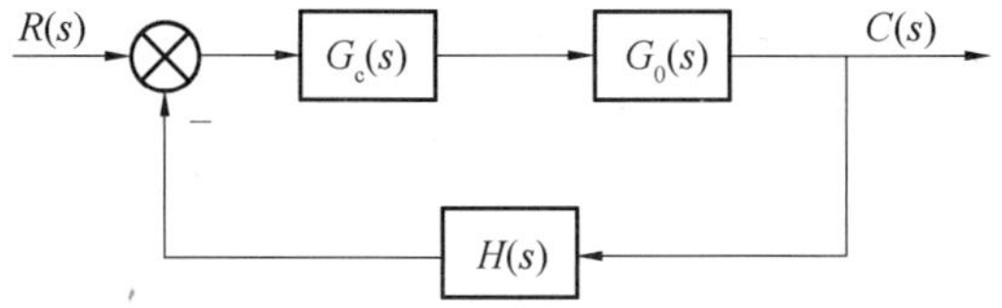

图 6－1　串联校正

(二) 反馈校正

在自动控制系统中，将系统的可变部分或不可变部分中的某一部分通过反馈的方式与校正装置相连接，这种校正方式被称为反馈校正，也常被称为并联校正，其典型连接方式如图 6－2 所示。反馈校正装置直接利用系统的输出信号作为输入，这一信号来源于系统的高能端，因此通常无须额外添加放大器。然而，需要注意的是，反馈校正装置的成本相对较高。

通过恰当地调整反馈校正回路的增益，可以使得校正后的系统性能主要取决于校正装置本身，这是反馈校正的一个显著优势。这一特性使得反馈校正能够有效地抑制系统参数波动以及非线性因素对系统性能的不利影响。然而，反馈校正也存在一定的缺点，即其调整过程相对不便，且设计过程相对较为复杂，需要工程师具备较高的专业素养和设计经验。

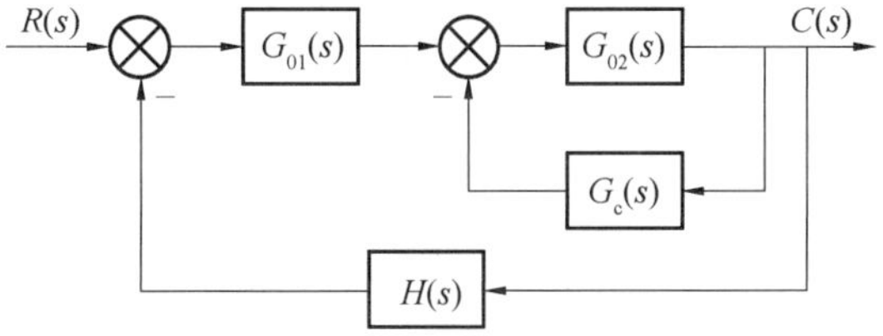

图 6－2　反馈校正

(三) 复合校正

校正信号如果取自闭环系统之外的输入信号，并且直接利用这个输入信号来对系统进行校正，这种校正方式被称为前馈校正。根据所取输入信号的不同，前馈校正可以进一步细分为按输入信号的前馈校正，以及按扰动信号的前馈校正。

前馈校正的特点在于其输入信号来源于闭环系统之外，它是通过开环补偿的方式来提升系统的精度的。因此，前馈校正并不会对系统的闭环特征方程式产生影响。然而，需要注意的是，前馈校正通常并不会单独使用，而是会与其他校正方式相结合，共同构成复合控制系统，如图 6－3 所示。这样的设计方式能够满足那些对性能要求较高的系统的需求，实现更加精准和稳定的控制效果。

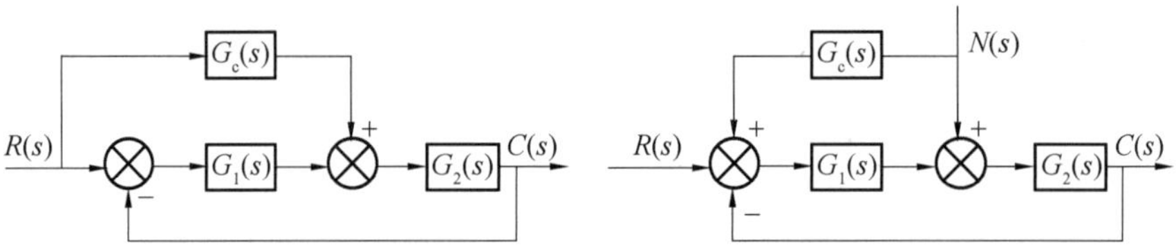

(a)按输入补偿的复合校正　　(b)按扰动补偿的复合校正

图 6－3　复合校正

在工程应用中，需要采用哪一种连接方式，要根据具体情况而定。

三、基本校正规律

在确定校正装置的具体类型之前，我们首先要明确校正装置所需实现的控制策略，这是选择合适元件的前提。整个包含校正装置的控制器系统，通常会采用比例、微分、积分等基本控制规律，或者根据实际的系统需求，灵活地组合运用这些基本控制规律，以达到最佳的控制效果。

比如，可以采用比例－微分组合控制规律，以增强系统的响应速度和稳定性；或者选择比例－积分组合控制规律，来消除系统的稳态误差；当然，也可以采用更为全面的比例－积分－微分组合控制规律，以实现对被控对象更为精准和有效的控制。通过这些组合控制规律的运用，可以更好地满足系统的控制要求，提升系统的整体性能。

（一）比例(P)控制规律

具有比例控制规律的控制器，称为 P 控制器，如图 6－4 所示。其中 K_p 称为 P 控制器增益。

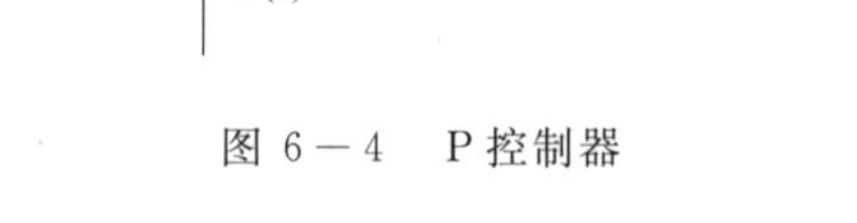

图 6－4　P 控制器

P 控制器，实为增益可调的放大器。在信号处理中，它仅调整增益，不影响相位。增大控制器增益，可提高系统开环增益，减小稳态误差，提升控制精度。但此举会削弱系统稳定性，极端时可能导致系统失稳。因此，校正设计时，比例控制常与其他控制规律结合，以兼顾控制精度和系统稳定性。

(二)比例－微分(PD)控制规律

具有比例－微分控制规律的控制器,称为PD控制器,其输出 $m(t)$ 与输入 $e(t)$ 的关系

$$m(t)=K_{\mathrm{p}}e(t)+K_{\mathrm{p}}T\frac{\mathrm{d}e(t)}{\mathrm{d}t} \tag{6-1}$$

式中,K_{p} 为比例系数;T 为微分时间常数。

K_{p} 与 T 都是可调的参数。对上述微分方程取拉氏变换,可得PD控制器的传递函数为

$$G_{\mathrm{c}}(s)=\frac{M(s)}{E(s)}=K_{\mathrm{p}}(1+Ts) \tag{6-2}$$

PD控制器如图6－5所示。PD控制相当于系统开环传递函数增加了一个$\left(-\frac{1}{T}\right)$的开环零点,使系统的相角裕度提高,因而有助于系统动态性能的改善。

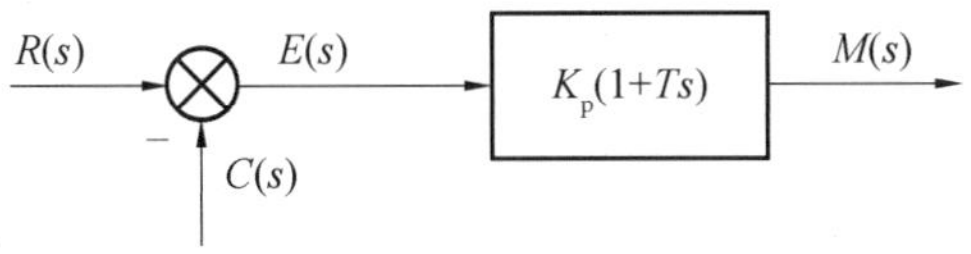

图6－5　PD控制器

微分控制规律,$\mathrm{d}e(t)/\mathrm{d}t$ 是 $e(t)$ 随时间的变化率,能够预见输入信号的未来趋势,及时产生有效的修正信号,从而增强系统的阻尼特性,提升系统的稳定性。但值得注意的是,微分控制仅对系统的动态过程发挥作用,对稳态过程则无影响,并且它对系统噪声极为敏感。因此,单一的D控制器不宜单独与被控对象串联使用。通常,将微分控制与比例控制或比例－积分控制相结合,形成PD或PID组合控制器,以应用于实际的控制系统中。

(三)积分(I)控制规律

具有积分控制规律的控制器,称为I控制器。I控制器的输出信号 $m(t)$ 与其输入信号 $e(t)$ 的积分成正比,即

$$m(t)=K_i\int_0^t e(t)\mathrm{d}t \tag{6-3}$$

式中,K_i 为可调比例系数。

由于I控制器的积分作用,当其输入 $e(t)$ 消失后,输出信号 $m(t)$ 有可能是一个不为零的常数,对上述方程取拉氏变换,可得I控制器的传递函数为

$$G_c(s)=\frac{M(s)}{E(s)}=\frac{K_i}{s} \tag{6-4}$$

在串联校正过程中，引入I控制器能够提升系统的型别(即无差度)，有助于改善系统的稳态性能。然而，积分控制会为系统增加一个位于原点的开环极点，导致信号产生 90° 的相角滞后，这对系统的稳定性是不利的。因此，在控制系统的校正设计中，通常不建议单独使用I控制器。图 6－6 展示了I控制器的结构。

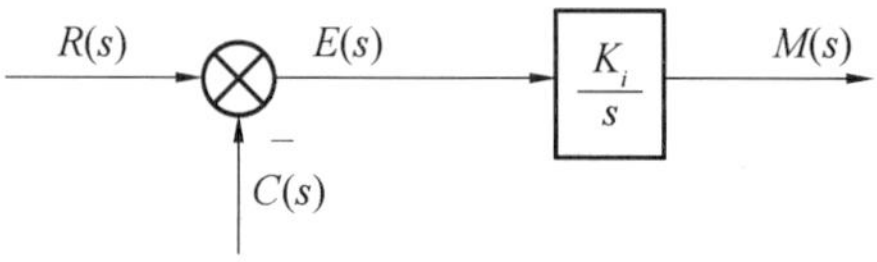

图 6－6　I控制器

(四)比例—积分(PI)控制规律

具有比例—积分控制规律的控制器，称为PI控制器，其输出信号 $m(t)$ 同时成比例地反映输入信号 $e(t)$ 及其积分，即

$$m(t)=K_p e(t)+\frac{K_p}{T_i}\int_0^t e(t)\,dt \tag{6-5}$$

式中，K_p 为可调比例系数；T_i 为可调积分时间常数。

对上述方程取拉氏变换，可得PI控制器的传递函数为

$$G_c(s)=\frac{M(s)}{E(s)}=K_p\left(1+\frac{1}{T_i s}\right) \tag{6-6}$$

PI控制器如图 6－7 所示。

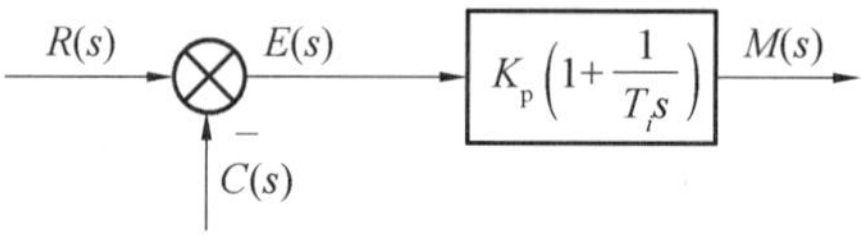

图 6－7　PI控制器

在串联校正时，PI控制器相当于在系统中增加了一个位于原点的开环极点，同时也增加了一个位于 s 左半平面的开环零点。位于原点的极点可以提高系统的型别，以消除或减小系统的稳态误差，改善系统的稳态性能；而增加的负实数零点则用来减小系统的阻尼程度，缓和PI控制器极点对系统稳定性及动态过程产生的不利影响。只要积分时间常数 T_i 足够大，PI控制器对系统稳定性的不利影响可大为减弱。在控制工程实践中，PI控制器主要用来改善控制系统的稳态性能。

(五) 比例－积分－微分(PID) 控制规律

具有比例－积分－微分控制规律的控制器,称为PID控制器,它兼有三种基本规律的特点,其输出信号 $m(t)$ 与输入信号 $e(t)$ 满足

$$m(t)=K_{\mathrm{p}}e(t)+\frac{K_{\mathrm{p}}}{T_i}\int_0^t e(t)\,\mathrm{d}t+K_{\mathrm{p}}\tau\frac{\mathrm{d}e(t)}{\mathrm{d}t} \tag{6－7}$$

对上述方程取拉氏变换,可得 PID 控制器的传递函数为

$$G_{\mathrm{c}}(s)=\frac{M(s)}{E(s)}=K_{\mathrm{p}}\left(1+\frac{1}{T_i s}+\tau s\right) \tag{6－8}$$

PID 控制器如图 6－8 所示。

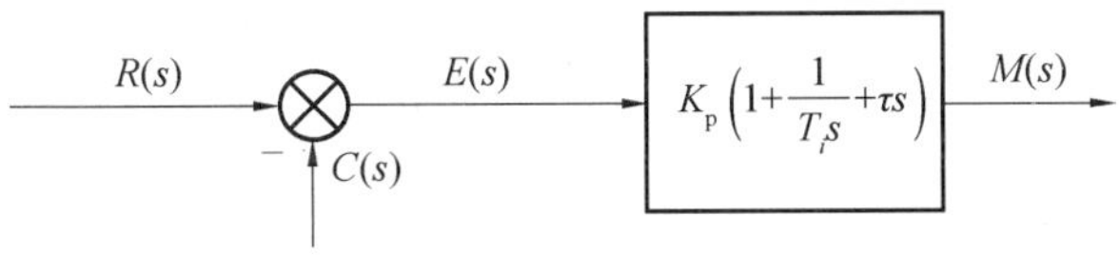

图 6－8　PID 控制器

采用PID控制器进行串联校正时,不仅能将系统的型别提升一级,还会引入两个负实数零点。与 PI 控制器相比,PID 控制器在提升系统稳态性能上具有同等效力,而更为重要的是,它额外提供的一个负实数零点,使得PID控制器在改善系统动态性能方面表现出更加显著的优势。因此,PID 控制器在工业过程控制系统中得到了广泛应用。

PID 控制器各部分的参数,通常是在系统现场调试过程中最终敲定的。在实际调试中,一般会调整积分(I) 部分,使其作用于系统频率特性的低频段,以有效提升系统的稳态性能;同时,调整微分(D) 部分,使其作用于系统频率特性的中频段,以进一步优化系统的动态响应。通过这样的参数调优,可以确保 PID 控制器在系统中发挥出最佳的控制效能。

四、校正方法

常见的系统校正方法有以下两种。

(一) 频率法

频率法校正的基本思路是,通过巧妙地利用适当的校正装置的伯德图,并结合开环增益的精细调整,来修正和优化原有的开环系统的伯德图。这一过程的目标是确保经过校正与增益调整后的开环系统伯德图能够完全符合预设的性能指标要求,从而实现对系统性能的精准调控。

（二）根轨迹法

根轨迹法校正则是在系统中巧妙地引入校正装置，即新增开环零、极点，以此来改变原有系统的闭环根轨迹，也就是调整闭环极点的位置。通过这种方式，可以有效地改善系统的各项性能。具体来说，就是通过增加开环零、极点来重新布置闭环零、极点的位置，从而确保闭环系统能够满足预设的性能要求。

显然，无论是频率法还是根轨迹法，都是建立在系统性能的定性分析与定量估算的基础之上的。是近似分析与估算的基石，是一、二阶系统的相关概念和理论。因此，前几章所介绍的概念与分析方法，是进行校正设计的必要基础和先决条件。

系统校正设计的一个显著特点，就是其设计方案并非唯一。也就是说，为了达到给定的性能指标，我们可以采取多种不同的校正方式和校正装置的具体形式。这种灵活性虽然为设计工作提供了更多的选择空间，但同时也带来了一定的困难。因此，在设计过程中，往往需要运用基本概念，在粗略估算的基础上，经过多次试凑合调整，才能最终达到预期的目的。

第二节　串联校正

若系统设计需满足的性能指标为频域指标，则通常采用频域校正方法进行系统校正。本节将介绍基于系统开环对数频率特性，如何为满足稳态误差、开环穿越频率和相角裕度的要求，进行串联校正的过程。

一、串联超前校正

超前校正的主要功能是在系统的中频段产生足够的超前相角，以弥补系统本身过大的滞后相角。超前网络的参数设计应综合考虑相角补偿需求和稳态性能要求。

（一）超前校正的一般步骤

(1) 根据稳态误差的具体要求，确定系统的开环放大系数 K。

(2) 绘制原系统的伯德图，通过伯德图分析原系统的相角裕度和增益裕度。

(3) 根据相角裕度的设计要求，估算并确定需要附加的相角位移量。

(4) 根据要求的附加相角位移，计算校正装置的 a 值。

(5)a 值确定后，要确定校正装置的交接频率 $\frac{1}{T}$ 和 $\frac{1}{aT}$。此时应使校正后特性中频段

（穿越零分贝线）的斜率为-20 dB/dec，并且使校正装置的最大移相角φ_{max}出现在校正后穿越频率ω_c的位置上。

(6) 验算校正后频率特性的相角裕度是否满足给定要求，如不满足要求须重新计算。

(7) 确定校正装置的元件参数，注意采用元件标称值。

（二）超前校正的特点

由系统校正前后的伯德图和性能指标的对比，可总结超前校正的特点如下：

(1) 超前校正使系统的穿越频率变高，系统的闭环频带宽度GM增加，从而使暂态响应加快；相角裕度增加，系统的稳定性增强。

(2) 串联超前校正在补偿了a倍的衰减之后，系统低频段的幅频特性没有变化，可以做到稳态误差不变，从而全面改善系统的动态性能，即增大相角裕度γ和幅值穿越频率ω_c，减小超调量和过渡过程时间。

(3) 超前校正装置所要求的时间常数是容易满足的。

（三）超前校正的缺点

(1) 由于频带加宽，高频抗干扰能力减弱，因此对放大器或电路的其他组成部分提出了更高要求。

(2) 因ω_c增大，由于高频段斜率的增大使ω_c处引起的相角滞后更加严重，因而难以实现给定的相角裕度γ。

（四）串联超前校正的应用范围

串联超前校正一般用于以下三种情况：

(1) 靠近ω_c随着ω变化，相角滞后缓慢增加的情况。

(2) 要求系统有大的带宽和较高的暂态响应速度。

(3) 对高频抗干扰要求不是很高的情况。

下列情况不宜采用串联校正：

(1) 校正前的系统不稳定，原因在于为达到要求的γ'，超前校正网络φ_m的值应很大，$20\lg a$就很大，即对系统中的高频信号放大作用很强，从而大大减少了系统的抗干扰能力。

(2) 校正前系统在φ_m附近相角减小的速度太大，此时随校正后ω'_c的增大，校正前系统的相角迅速减小，造成校正后的相角裕度改善不大，很难达到要求的相角裕度。一般情况下，当在校正前系统的 ω_c 附近有两个转折频率彼此靠近或相对的惯性环节时，或有一个振荡环节时，就会出现这种现象。

在上述情况下，系统可采用其他方法进行校正。例如，采用两级串联超前网络进行串联超前校正，或采用串联滞后校正。

二、串联滞后校正

与串联超前校正的策略迥异，串联滞后校正巧妙地运用了滞后网络在高频段的幅值衰减特性，使校正后的系统穿越频率得以降低，从而确保系统获得足够的相角裕度。因此，在设计过程中，需特别留意避免让滞后网络的最大滞后相角落在系统穿越频率的附近，以免对系统的稳定性造成不利影响。当系统对响应速度的要求不那么严格，而更注重噪声抑制时，串联滞后校正便成为一个值得考虑的选择。

此外，如果待校正的系统在动态性能方面已经表现出了令人满意的表现，仅仅是在稳态性能上未能达到预设的性能指标要求，那么此时采用串联滞后校正便是一个明智的选择。通过串联滞后校正，可以在不牺牲系统动态性能的前提下，有效提升系统的稳态精度，确保系统能够全面满足各项性能指标的要求。

至于串联滞后装置的设计步骤，则可以遵循以下流程：

(1) 根据系统对稳态误差的具体要求，精确确定开环系统的放大系数，为后续的校正设计奠定坚实的基础。

(2) 细致绘制原系统的对数频率特性曲线，并通过对曲线的分析，准确确定原系统的穿越频率、相角裕度以及幅值裕度等关键参数，为后续的校正设计提供有力的数据支持。

(3) 根据给定的相角裕度，并考虑到校正装置特性引起的滞后影响，适当增加 $(5^\circ \sim 15^\circ)$ 的余量，即 $\gamma' = \gamma + \varepsilon(5^\circ \sim 15^\circ)$，确定符合这一相角裕度的频率，作为校正后系统的开环对数幅频特性的穿越频率 ω'_c。

(4) 确定出原系统频率特性在 $\omega = \omega'_c$ 处幅值下降到零分贝时所必需的衰减量，使其等于 $-20\lg b$，从而确定 b 的值。

(5) 选择交接频率 $\omega_2 = \dfrac{1}{bT}$ 低于 ω'_c 一倍到十倍频程，则另一交接频率可以为 $\omega_1 = 1/T$。

(6) 确定校正装置的传递函数，并校验相角裕度和其他性能指标，若不满足要求，重新选择 γ'，重新设计。

(7) 确定滞后校正装置元件值，注意采用元件标称值。

因此，串联滞后校正一般用于以下三种情况：

(1) 在系统响应速度要求不高而抑制噪声电平性能要求较高的情况下，可考虑采用串联滞后校正。

(2) 保持原有的已满足要求的动态性能不变，而用以提高系统的开环增益，减小系统的稳态误差。

(3) 从高频干扰方面考虑有意义的情况。

三、串联滞后－超前校正

串联滞后－超前校正巧妙地融合了滞后校正与超前校正的各自优势，即充分利用校正装置的超前部分来有效增大系统的相角裕度，从而显著提升系统的动态性能；同时，又借助其滞后部分来优化系统的静态性能，两者各司其职，相互协作，共同提升系统的整体表现。

实际系统中常用比例－积分－微分控制器来实现串联滞后－超前校正。若PID控制器的输入、输出关系为

$$m(t)=K_{\mathrm{p}}e(t)+\frac{K_{\mathrm{p}}}{T_i}\int_0^t e(t)\mathrm{d}t+K_{\mathrm{p}}T_{\mathrm{d}}\frac{\mathrm{d}}{\mathrm{d}t}e(t) \tag{6-9}$$

比例－积分－微分控制器的传递函数为

$$G_{\mathrm{c}}(s)=\frac{M(s)}{E(s)}=K_{\mathrm{p}}\left(1+\frac{1}{T_i s}+T_{\mathrm{d}}s\right) \tag{6-10}$$

从式(6－10)可见，比例项为基本控制作用，超前(微分)校正会使带宽增加，提高系统的暂态响应速度，滞后(积分)校正可改善系统稳态特性，减小稳态误差。

串联滞后－超前装置的设计步骤如下：

(1) 根据稳态性能要求，确定开环增益 K。

(2) 绘制原系统的对数幅频特性，求出原系统的穿越频率 ω_{c}、相角裕度 γ 及幅值裕度 h 或 GM(dB) 等。

(3) 在原系统的对数幅频特性上，选择斜率从－20 dB/dec 变为－40 dB/dec 的转折频率作为校正装置超前部分的转折频率 ω_{b}；这种选法可以降低已校正系统的阶次，且可保证中频区斜率为－20 dB/dec，并占据较宽的频带。

(4) 根据响应速度要求，选择系统的穿越频率 ω''_{c} 和校正网络的衰减因子 $\frac{1}{a}$，要保证

已校正系统穿越频率为所选的 ω''_c，下列等式应成立

$$-20\lg a + L'(\omega''_c) + 20\lg (T_b\omega''_c) = 0 \qquad (6-11)$$

式中的各项分别为滞后－超前网络贡献的幅值衰减的最大值、未校正系统的幅值量、滞后－超前网络超前部分在 ω''_c 处的幅值。

$L'(\omega''_c) + 20\lg (T_b\omega''_c)$ 可由原系统对数幅频特性的 -20 dB/dec 延长线在 ω''_c 处的数值确定。因此可由上式求出 a 值。

(5) 根据相角裕度要求，估算校正网络滞后部分的转折频率 ω_a。

(6) 校验校正后系统的各项性能指标。

(7) 确定校正装置的元件参数。

第三节　反馈校正

在工程实践领域，为了优化系统性能，除了串联校正这一常用手段外，反馈校正同样被广泛采纳为一种有效的校正方式。反馈校正的核心在于充分利用其独特性，即通过调整未校正系统的结构和参数，来实现系统性能的显著提升。

相较于串联校正，反馈校正展现出了其显著的优势。它不仅能够有效地改变被反馈环路包围部分的结构或参数，而且在特定条件下，甚至能够完全取代被包围部分，从而彻底消除或大幅削弱该部分对系统造成的不利影响，进一步提升系统的整体性能。

一、反馈校正的原理

从某一元件引出反馈信号，构成反馈回路，并在反馈回路内设校正装置，这种校正称为反馈校正。最简单的反馈校正控制系统如图 6－9 所示。

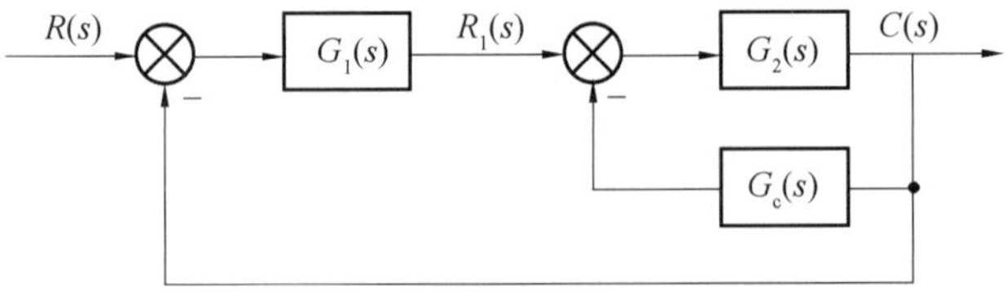

图 6－9　反馈校正控制系统

$G_c(s)$ 为反馈校正装置的传递函数，图示系统的开环传递函数为

$$G_K(s) = G_1(s)\frac{G_2(s)}{1+G_2(s)G_c(s)} \qquad (6-12)$$

在上述反馈校正控制系统中，在能够影响系统动态性能的频率范围内，如果能使 $G_2(s)G_c(s) \gg 1$，则系统开环传递函数可近似地表示为

$$G_K(s) = \frac{G_1(s)}{G_c(s)} \tag{6-13}$$

此时，反馈校正系统的特性几乎与被反馈校正装置包围的环节 $G_2(s)$ 无关，且为反馈校正装置频率特性的倒数。因此，可以通过利用反馈校正装置来环绕待校正系统中对动态特性产生不利影响的环节，构成一个局部反馈回路。在局部反馈回路的开环频率特性幅值远大于 1 的条件下，该局部反馈部分的特性将主要由反馈校正装置决定，而与被环绕部分的元件特性基本无关。

因此，在局部反馈回路的 $G_2(s)G_c(s) \gg 1$ 范围内，适当选择反馈校正装置的形式和参数，改善被包围部分的性能，从而使校正后系统的性能满足给定性能指标的要求。

二、反馈校正的作用

（一）负反馈可以削弱参数变化的非线性对系统性能的影响

通常来说，串联校正相较于反馈校正而言，其设计和实施过程相对简便。然而，串联校正的一个主要局限性在于，系统中其他元件的参数不稳定性可能会对其校正效果产生较大影响。因此，在使用串联校正装置时，往往需要对系统元件的特性稳定性提出较为严格的要求。

相比之下，反馈校正则具有一种独特的优势，即它能够削弱被反馈环路包围元件的特性对整个系统性能的影响。因此，在采用反馈校正装置时，对系统中各元件特性的稳定性要求相对较低。这使得反馈校正在应对参数变化对系统性能的影响方面具有更强的适应性。

在控制系统中，为了有效减弱参数变化对系统性能的不利影响，除了采用鲁棒控制方法外，反馈校正同样是一种值得考虑的有效手段。

负反馈可以减弱参数变化对系统性能的影响，例如图 6－10(a) 所示的开环系统，假设由于参数的变化，系统传递函数 $G(s)$ 的变化量为 $\Delta G(s)$，相应的输出 $C(s)$ 的变化量为 $\Delta C(s)$，这时开环系统的输出为

$$C(s) + \Delta C(s) = [G(s) + \Delta G(s)]R(s) \tag{6-14}$$

因为

$$C(s) = G(s)R(s) \tag{6-15}$$

则有

$$\Delta C(s)=\Delta G(s)R(s) \tag{6-16}$$

上式表明，对于开环系统，参数变化对系统输出的影响与传递函数的变化量$\Delta G(s)$成正比。

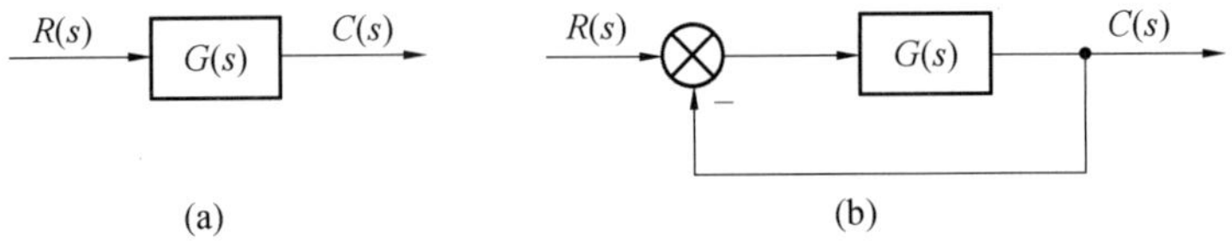

图 6－10　系统结构图

在图 6－10(b) 所示的闭环系统，如果发生上述参数变化，则闭环系统的输出为

$$C(s)+\Delta C(s)=\frac{G(s)+\Delta G(s)}{1+G(s)+\Delta G(s)}R(s) \tag{6-17}$$

通常

$$|G(s)|\gg|\Delta G(s)| \tag{6-18}$$

于是近似有

$$\Delta C(s)=\frac{\Delta G(s)}{[1+G(s)]}R(s) \tag{6-19}$$

上式表明，因参数变化，闭环系统的传递函数会发生变化，输出也会发生变化，但只是开环系统的$1/[1+G(s)]$。由于在许多实际情况中，$[1+G(s)]\gg 1$。为了减小元件参数变化对系统的影响，通常对精度低的元件并联一个反馈校正回路。

如图 6－9 所示系统中有一部件，其传递函数为$G_2(s)$。如果$G_2(s)$为非线性特性，则将影响系统性能提高。当采用局部反馈后，当$|G_2(s)G_c(s)|\gg 1$，由局部反馈可知$\frac{C(s)}{R_1(s)}\approx\frac{1}{G_c(s)}$，则$C(s)$只与反馈校正传递函数$G_c(s)$的倒数有关，而与$G_2(s)$无关，因此负反馈可以消除系统中具有非线性性能差的元部件对系统性能的影响。

(二) 减小被包围环节的时间常数

反馈校正可以减小被包围环节的时间常数。例如在图 6－9 中，若$G_2(s)$为惯性环节，设

$$G_2(s)=\frac{K}{Ts+1} \tag{6-20}$$

若其时间常数T很大，则将影响整个系统的响应速度。利用反馈校正在$G_2(s)$处加

增益位置反馈，反馈系数为 K_H，则加反馈增益后的传递函数为

$$G(s)=\frac{\dfrac{K}{Ts+1}}{1+\dfrac{K}{Ts+1}\times K_H}=\frac{K}{Ts+1+KK_H}$$
$$=\frac{K}{1+KK_H}\cdot\frac{1}{\dfrac{T}{1+KK_H}s+1} \tag{6-21}$$

显然，时间常数变为 $\dfrac{T}{1+KK_H}$，同时增益变为 $\dfrac{K}{1+KK_H}$，增益的降低可以通过串联放大器加以补偿，时间常数的降低则有助于加快系统的响应速度。

从频率特性的角度看，比例负反馈可扩展环节或系统的带宽。反馈前的穿越频率(闭环带宽）为

$$\omega_b=\frac{1}{T} \tag{6-22}$$

由于时间常数的降低，反馈后的带宽则放大为

$$\omega'_b=(1+KK_H)\frac{1}{T} \tag{6-23}$$

具有比例负反馈的带宽将扩展$(1+KK_H)$倍，基本上与增益反馈的系数 K_H 成正比。由于带宽得到扩展，因而系统的响应速度就加快，这对改善系统的动态性能是有利的。

在实际的随动系统中，电动机的机械惯性（即时间常数）过大，往往是影响系统性能的关键因素。然而，电动机的机械惯性又难以直接减小，此时可以采用反馈校正装置来优化系统性能。一种常见的做法是在电动机轴上安装测速发电机，并将其输出信号反馈至放大器的输入端，其中测速发电机的增益作为反馈系数 K_H。

（三）利用正反馈校正可以提高放大系数

如图 6－11 所示的系统，设前向通道由放大环节组成，其放大系数为 K，采用正反馈，反馈系数为 K_H，则闭环放大系数为

$$\frac{C(s)}{R(s)}=\frac{K}{1-KK_H} \tag{6-24}$$

从上式看出，若取 $K_H\approx 1/K$，则闭环放大系数 $C(s)/R(s)$ 将远大于前向通道的放大系数 K。这是正反馈所独具的重要特性之一。

如图 6－12 所示的带正反馈的控制系统。采用局部正反馈后，系统的闭环传递函数

为

$$\frac{C(s)}{R(s)}=\frac{G(s)}{1-H(s)+G(s)} \tag{6-25}$$

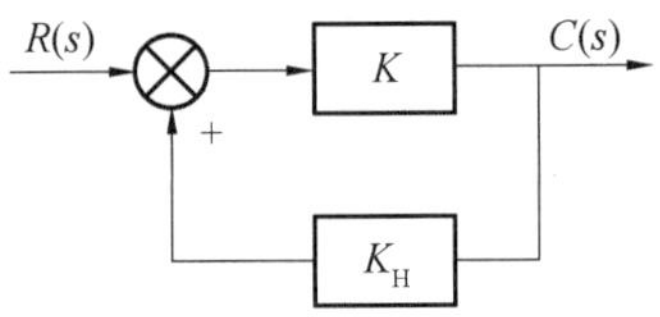

图 6－11　正反馈校正系统

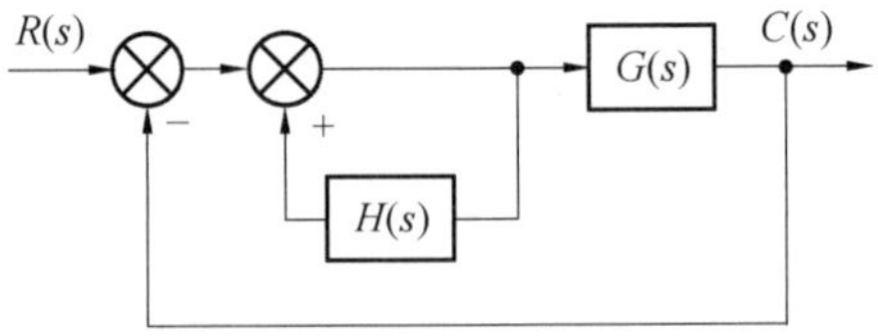

图 6－12　带正反馈的控制系统

令 $G(s)=KG_0(s)$，$G_0(s)$ 中放大系数为 1。如果选取 $H(s)\approx 1$，则有

$$\frac{C(s)}{R(s)}\approx 1 \tag{6-26}$$

上式说明，若将正反馈通道的反馈系数取得接近于 1 时，可将上述系统的开环放大系数 $\frac{K}{1-H(s)}$ 提高到一个相当大的数值。整个闭环系统的特性可以近似地由负反馈通道传递函数的倒数来描述。本例中，由于负反馈通道的传递函数为 1，因此闭环传递函数便与 1 接近，这表明，系统将不受可变部分 $G(s)$ 参数变化的影响，在输出端总是能够比较准确地复现输入信号，这是通过正反馈极大地提高系统的开环增益，从而改善系统稳态性能的一种途径。

反馈校正还用在许多场合，如削弱系统噪声的影响、利用微分负反馈增加阻尼比等。

第四节　MATLAB 在系统校正设计中的应用

利用 MATLAB 对控制系统进行辅助校正设计，其优势颇为显著：首先，它能够显著加速系统参数的获取过程；其次，为系统参数的调整提供了极大的便利；再者，校正结果的呈现方式直观明了。本节将依托 MATLAB 这一强大的仿真工具，采用频率法对控制系统实施串联校正设计。通过对比校正前后的时域与频域特性，将清晰地展示校正如何有效提升系统的性能指标。

一、串联微分(超前)校正设计

串联微分(超前)校正主要用来改善系统的动态品质。

例如:某位置随动系统的开环传递为 $G_K(s)=\dfrac{K_K}{s(0.1s+1)(0.2s+1)}$。试设计一串联微分(超前)校正装置,使校正后的开环系统满足如下指标:

速度误差系数 $K_v \geqslant 6$;相角裕度 $\gamma \geqslant 40°$。

解　根据速度误差系数指标,取开环放大倍数 $K_K=6$。为方便起见,设校正网络为 $G_c(s)=\dfrac{aTs+1}{Ts+1}$。

本题设计的关键点在于:计算校正前的相角裕度 γ_0;设置原系统相位滞后补偿 $\Delta\varphi$;计算分度系数 a;计算新的穿越频率 ω'_c;计算时间常数 T。对 $\Delta\varphi$ 设置一定的初值,设计恰当的步长值,计算校正后的相角裕度 $\gamma(\omega'_c)$,做循环判断,直到相角裕度 $\gamma(\omega'_c)$ 满足设定的指标值。

MATLAB 程序如下。

```
K_K=6;% 开环放大倍数,根据稳态速度误差系数指标确定
gama=40;% 相角裕度指标
num0=6;% 校正前开环系统的分子多项式系数
den0=conv([1,0],conv([0.2,1],[0.1,1]));% 校正前开环系统的分母多项式系数
G0=tf(num0,den0);% 校正前开环系统的传递函数
[MAG0,PHA0,W0]=bode(G0);% 校正前开环系统的幅值、相位及对应的频率值
L0_MAG=20*log10(MAG0);% 取幅值的对数值
[Gm0,Pm0,wcg0,wep0]=margin(G0);% 校正前开环系统的幅值裕度、相角裕度及相应的穿越频率
deta_fai=5;% 补偿相位的初值
mark=0;% 循环判断初值
while mark==0
faim=gama-Pm0+deta_fai;% 校正系统的最大超前相位
```

```
a=(1+sin(faim*pi/180))/(1-sin(faim*pi/180));% 校正系统的分度系数
L0_wm=-10*log10(a);% 根据分度系数确定原系统在新的穿越频率处的对数幅值
wc=spline(LO_MAG,WO,L0_wm);% 利用3次样条插值获取新的穿越频率
T=1/(sqrt(a)*wc);% 获取校正系统的时间常数
numc=[a*T 1];% 校正系统的分子多项式系数
denc=[T 1];% 校正系统的分母多项式系数
Gc=tf(numc,denc);% 校正系统的传递函数
G=Gc*G0;% 校正后开环系统的传递函数
[Gm,Pm,wcg,wcp]=margin(G);% 校正后开环系统的幅值裕度、相角裕度及相应的穿越频率
if Pm>=gama
mark=1;% 大于或等于相角裕度指标的最小值时,置循环结束条件
else
deta_fai=deta_fai+0.1;% 补偿相位增加,步长为0.1度
end
end
GB0=feedback(G0,1,-1);% 校正前闭环传递函数
GB=feedback(G,1,-1);% 校正后闭环传递函数
figure(1)
bode(G0,'b:');% 校正前开环系统的伯德图
hold on;
bode(G,r);% 校正后开环系统的伯德图
legend('uncompensated curve','compensated curve',1);
grid on;
h=findobj(gcf,'Type','line');% 获取当前图中"类型"为"线"的句柄
set(h,'LineWidth',1.5);% 通过句柄设置线的宽度
figure(2)
step(GB0,'b:',5);% 校正前闭环系统的阶跃响应
```

```
hold on;
step(GB,r,5);% 校正后闭环系统的阶跃响应
legend('uncompensated curve','compensated curve',1);
grid on;
h=findobj(gcf,"Type','line');% 获取当前图中"类型"为"线"的句柄
set(h,'LineWidth',1.5);% 通过句柄设置线的宽度
```

运行上述程序,可得如下结果:

校正前开环系统的穿越频率 wcp0＝4.222 8。

校正后开环系统的穿越频率 wcp＝5.791 8。

校正前开环系统的相角裕度 Pm0＝26.923 3。

校正后开环系统的相角裕度 Pm＝40.001 8。

根据仿真运行结果,可以确认所设计的各项参数均达到了预定的指标要求。通过引入串联微分(超前)校正装置,开环系统的穿越频率得到了有效提升,相角裕度也随之增大。相应地,校正后的闭环系统在超调量方面有所减小(振荡性明显减弱),同时上升时间和调节时间也均有所缩短(快速性显著增强)。总而言之,微分校正装置的加入,不仅增强了系统的相对稳定性,还使得系统的动态品质得到了显著提升。然而,值得注意的是,微分校正装置在一定程度上提高了中、高频段的幅值(即增加了系统的带宽),这使得系统对噪声干扰变得相对更为敏感。

二、串联积分(滞后)校正设计

串联积分(滞后)校正主要用来改善系统的相对稳定性或稳态品质。下面的设计主要针对改善系统的稳定性。

设单位负反馈系统的开环传递为 $G_0(s)=\dfrac{K_K}{s(0.6s+1)(0.5s+1)}$。试设计一串联积分(滞后)校正装置,使校正后的开环系统满足如下指标:

在 $r(t)=t$ 时,稳态误差 $e_{ss}\leqslant 0.2$;相角裕度 $\gamma\geqslant 45°$;幅值裕度 $h\geqslant 5$ dB。

解　静差系数 $v=1$,故系统为Ⅰ型系统。根据稳态误差指标,可得 $e_{ss}=\dfrac{1}{K_v}=\dfrac{1}{K_K}\leqslant 0.2$,解得 $K_K\geqslant 5$,取 $K_K=5$。为方便起见,设校正网络为 $G_c(s)=\dfrac{bTs+1}{Ts+1}$。

本题设计的关键点在于:计算校正前的相角裕度 γ_0;计算校正系统在新的穿越频率位置产生相位滞后 $\Delta\varphi$(补偿取正值);计算新的穿越频率 ω'_c;计算分度系数 b;计算第二转折频率 ω_2;计算第一转折频率 ω_1。

本题设计可以在一定程度上采用自动化设计 —— 对 n 设置一定的初值,设计恰当的步长值,计算校正网络产生的滞后相位 $\Delta\varphi$(补偿取正值),循环判断校正后的相角裕度 $\gamma(\omega'_c)$,直到 $\gamma(\omega'_c)$ 满足设定的最小指标值。

MATLAB 程序如下。

```
KK=5;% 开环放大倍数,根据稳态误差指标确定
gama=45;% 相角裕度指标
num0=5;% 校正前开环系统的分子多项式系数
den0=conv([1,0],conv([0.6,1],[0.5,1]));% 校正前开环系统的分母多项式系数
G0=tf(num0,den0);% 校正前开环系统的传递函数
[MAG0,PHA0,W0]=bode(G0);% 校正前开环系统的幅值、相位及对应的频率值
LO_MAG=20*log10(MAG0);% 取幅值的对数值
[Gm0,Pm0,wcg0,wcp0]=margin(G0);% 校正前开环系统的幅值裕度、相角裕度及相应的穿越频率
n=1;% 新的穿越频率与第二转折频率间的倍数的初值
mark=0;% 循环判断初值
while mark==0
deta_fai=atan(n/(1+n~2))*180/pi;% 校正系统在新的穿越频率位置引入的最大滞后相位
gama0_wc=gama+deta_fai;% 预设校正后的相角裕度
wc=spline(PHA0,W0,gama0_wc-180);% 获取预设相角裕度对应的频率(即新的穿越频率)
LO_wc=spline(W0,LO_MAG,wc);% 获取新的穿越频率处原开环系统的对数幅频值
b=10^(-L0_we/20);% 计算校正系统的分度系数
w2=wc/n;% 计算第二转折频率
```

```
wl=b*w2;% 计算第一转折频率
numc=[1/w2  1];% 校正系统的分子多项式系数
denc=[1/w1  1];% 校正系统的分母多项式系数
Gc=tf(numc,denc);% 校正系统的传递函数
G=Gc*G0;% 校正后开环系统的传递函数
[Gm,Pm,wcg,wcp]=margin(G);% 校正后开环系统的幅值裕度、相角裕度及相应的穿越频率
if Pm >=gama
mark=1;% 大于或等于相角裕度指标的最小值时,置循环结束条件
else
n=n+0.1;% 倍数增加,步长为0.1度
End
end
GB0=feedback(G0,1,-1);% 校正前闭环传递函数
GB=feedback(G,1,-1);% 校正后闭环传递函数
figure(1)
bode(G0,'b:');% 校正前开环系统的伯德图
hold on;
bode(G,r);% 校正后开环系统的伯德图
legend('uncompensated curve','compensated curve',1);
grid on;
h=findobj(gcf,'Type','line');set(h,'LineWidth',1.5);
figure(2)
step(GB0,'b:',5);% 校正前闭环系统的阶跃响应
hold on;
step(GB,r',5);% 校正后闭环系统的阶跃响应
legend('uncompensated curve','compensated curve',1);grid on;
h=findobj(gcf,'Type',line');set(h,'LineWidth',1.5);
```

运行上述程序,可得如下结果:

校正前开环系统的穿越频率 wcp0＝2.120 3。

校正后开环系统的穿越频率 wcp＝0.506 9。

校正前开环系统的相角裕度 Pm0＝－8.502 1。

校正后开环系统的相角裕度 Pm＝45.066 0。

校正后开环系统的幅值裕度 Gm＝5.992 9。

根据仿真运行结果，可以确认所有设计值均满足既定的指标要求。在校正前，系统的相角裕度为负值，且闭环单位阶跃响应曲线呈现出发散振荡的状态，这表明原系统是不稳定的。然而，经过校正后，系统的相角裕度转变为正值，闭环单位阶跃响应曲线也迅速收敛并趋于幅值 1，这标志着闭环系统已经转变为稳定状态。

总而言之，通过引入串联积分(滞后)校正装置，开环系统的穿越频率虽然有所减小，但相角裕度得到了显著增加，系统因此从不稳定状态转变为稳定状态。尽管积分(滞后)校正会降低中、高频段的幅值(即减少了系统的带宽)，但这一特性却有利于抑制噪声干扰。

第七章　离散系统的分析

第一节　信号的采样和保持

在控制系统中，存在这样一类特殊系统，其部分信号并非随时间连续变化的函数，而是由一系列离散的脉冲序列或数字序列所构成。这类系统被统称为离散控制系统。进一步地，离散控制系统又可细分为两种类型：一种是采样控制系统，其中信号的离散化是通过采样过程实现的；另一种是数字控制系统，其中信号的传递和处理完全基于数字序列。这样的分类有助于我们更深入地理解和分析离散控制系统的特性和行为。

一、离散控制系统的基本概念

通常，将系统中离散信号由脉冲序列构成的系统称之为采样控制系统或脉冲控制系统；而将那些由数字序列构成的离散系统，称为数字控制系统或计算机控制系统。离散控制系统具有其独特的特点：从系统结构的角度来看，它包含了采样开关这一关键组件；从信号传递的角度来看，系统在某一处或多处，其信号是以脉冲形式或数字形式进行传递和处理的。这种信号传递方式使得离散控制系统在信号处理和控制方面展现出了独特的优势和灵活性。

(一) 采样控制系统

连续控制系统对被调制量连续不断地进行检测和控制，其系统结构如图 7－1 所示。

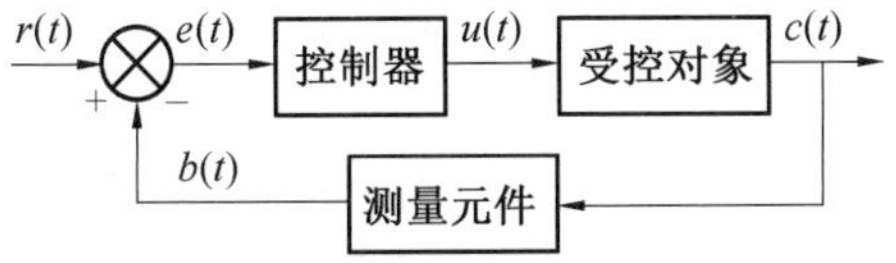

图 7－1　连续控制系统结构图

图 7－1 中连续系统的 $r(t)$、$c(t)$ 和 $e(t)$ 等都是时间 t 的连续函数。然而在实际工业控制系统中，有些控制对象的惯性很大并且具有滞后特性。对于这类控制对象，如果采用

连续控制方式，其控制效果不会很好，应该运用采样控制系统的方式进行控制。采样控制系统结构如图 7－2 所示。

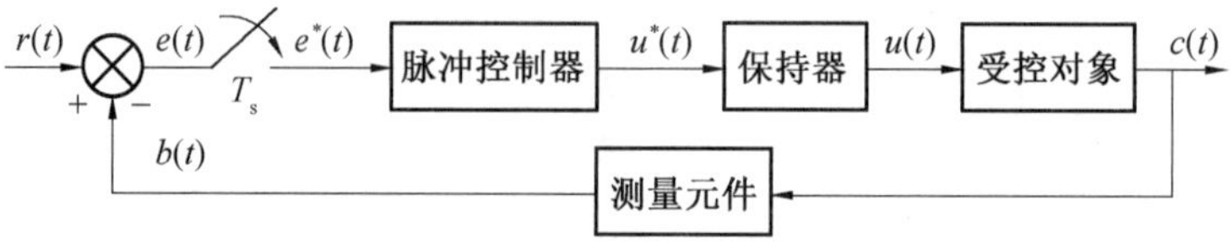

图 7－2　采样控制系统结构图

图 7－2 中采样系统的输入信号 $r(t)$ 是时间 t 的连续函数，$e^*(t)$ 是 $e(t)$ 连续误差信号经过采样开关后，获得的一系列离散的误差信号。$e^*(t)$ 作为脉冲控制器的输入，经控制器对信号进行处理，再经过保持器（或滤波器）恢复为连续信号，对受控对象实施控制。

连续系统与采样控制系统之间既存在着明显的区别，又有着紧密的联系。它们的相同点在于：都采用了相同的反馈控制结构，系统构成上同样包括被控对象、测量元件和控制器这三大核心部分；控制系统的根本目的也是一致的，都是为了实现对被控对象的精确控制；同时，系统分析的内容也基本相同，都涉及稳定性、动态性能、稳态性能等方面的评估。

然而，它们的不同点也同样显著，连续系统中的信号是连续变化的，通常需要通过保持器来保持数据稳定性，而采样控制系统中的信号则是离散的，是通过采样器对连续信号进行采样得到的。采样控制系统的优点在于其精度高、可靠性强，能够有效抑制干扰，且通用性好，适用于各种复杂的控制场景。

在采样控制系统中，采样周期是一个极为重要且特殊的参数。它不仅会影响系统的稳定性，还会对系统的稳态误差、信号恢复精度等关键性能指标产生显著影响。为了更直观地说明这一点，我们可以以工业炉温自动控制系统为例进行进一步的分析和阐述。

图 7－3(a) 中工业炉具有滞后特性的惯性环节。当炉温 θ 偏离给定值时，热敏电阻的阻值发生变化，直流电桥失去平衡，检流计有电流流过，指针发生偏转，设转角为 β。检流计是高灵敏度元件，不允许指针与电位器之间存在摩擦力，故设一同步电机通过减速器驱动凸轮旋转，使指针周期性地上下运动，并且每隔 T 秒与电位器接触一次，每次接触时间为 τ（采样），则电位器输出为一串宽度为 τ、周期为 T 的离散脉冲电压信号，用 $e^*(t)$ 表示。$e^*(t)$ 经过放大器、电动机、减速器去控制炉门角度 φ 的大小，改变加热气体的进气

量，使炉温趋于给定值。改变给定电位器的电阻值，还可以使给定炉温发生变化。在该系统中，检流计的输出转角 β 是连续变化的，但是通过指针和旋转凸轮的作用后，电位器输出离散值 $e^*(t)$，把连续信号变为离散信号的过程称为采样。在本系统中有了诸如指针、凸轮这些元部件后，使得原来系统至少有一处存在离散信号，这样系统称为采样系统，凸轮就成为采样器（采样开关），如图 7－3(b) 中的 K。

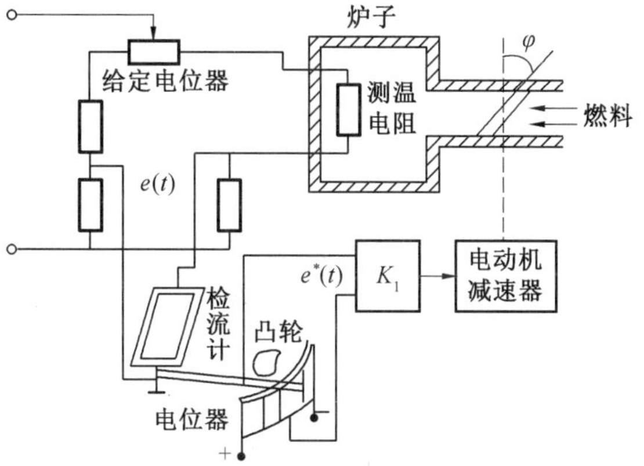

(a)系统原理图

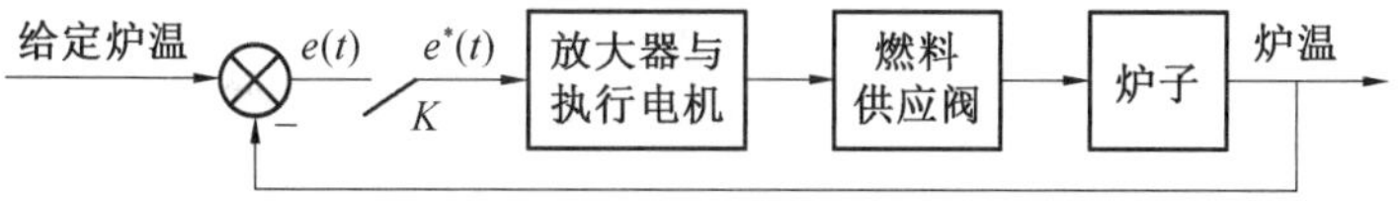

(b)系统组成原理图

图 7－3　工业炉温自动控制系统

（二）数字控制系统

随着数字信息处理技术和数字接收机技术的飞速进步，计算机，尤其是微型计算机，在工业自动控制领域的应用日益广泛。数字控制系统，即系统中融入计算机或数字控制器的自动控制系统，正成为工业控制的主流。图 7－4 展示了一个典型的数字控制系统结构，其核心特征在于配备了能够处理数字量的计算机或数字控制器。

在一般的工业控制场景中，被控对象的输入信号通常为连续信号（或称为模拟信号），偏差信号亦是如此。然而，数字计算机在处理信号时，要求输入为数字信号，因此必须进行信号的转换。将连续时间信号转换为离散数字信号的过程，我们称之为模 — 数转换（A/D 转换）；相反，将数字信号还原为连续信号的过程，则称为数 — 模转换（D/A 转换），这是数字控制不可或缺的环节。

A/D 转换器承担着模 — 数转换的重任，其工作流程涵盖采样、量化和编码三个关键步骤。而 D/A 转换器则负责将数字信号恢复为连续信号，这一过程通常由保持电路实现，其中零阶保持是指在两个采样值之间，输出保持为上一个采样值的水平。由于经过保持电路后的信号可能不够平滑，因此还需通过模拟低通滤波器进行滤波，以确保输出为平滑的模拟连续信号。

计算机数字控制的另一大特色，源自计算机本身的工作特性。计算机在处理数字量时，必须逐个接收，并依据特定规则进行运算。尽管现代计算机的运行速度极快，但仍需消耗一定时间。因此，计算机的工作模式是：输入一次，运算一次，输出一次，如此循环往复。就输入输出而言，数字计算机实际上是一种在时间上间断工作的系统，这类系统本质上属于离散时间控制系统。

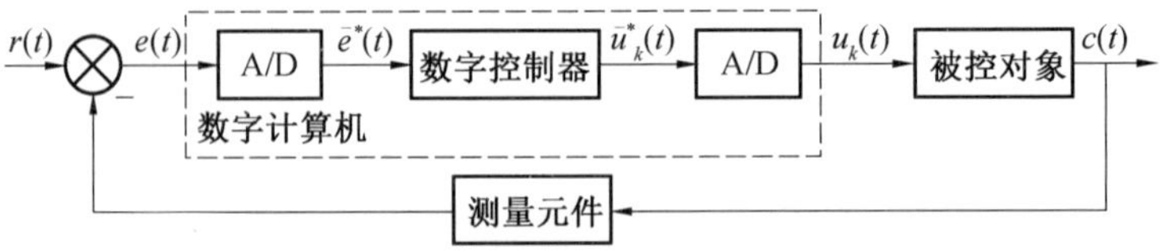

图 7－4　数字控制系统结构图

二、采样过程

采样过程就是对连续信号进行采样得到一个脉冲序列的过程。采样开关或采样器可以看作是产生脉冲序列的元件，采样过程可以理解为脉冲调制过程，图 7－5 表示了采样的基本过程。

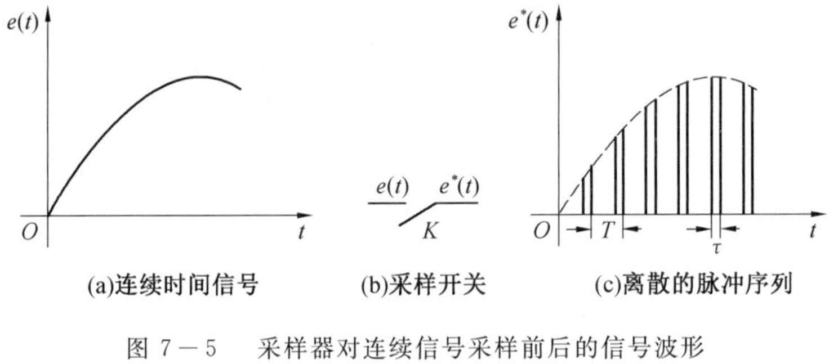

图 7－5　采样器对连续信号采样前后的信号波形

采样开关的输出信号为

$$e^*(t)=e(t)\sum_{n=0}^{\infty}\delta(t-nT)=\sum_{n=0}^{\infty}e(t)\delta(t-nT)=\sum_{n=0}^{\infty}e(nT)\delta(t-nT)\quad(7-1)$$

采样过程相当于一个脉冲调制过程，如图 7－6 所示。其中，输入信号 $e(t)$ 为被调制信号，载波信号 $\delta_T(t)$ 决定采样时刻。即采样开关输出信号 $e^*(t)$ 的幅值由 $e(t)$ 决定，存在的时刻由 $\delta_T(t)$ 决定。

$$\delta_T(t)=\sum_{n=-\infty}^{\infty}\delta(t-nT) \tag{7-2}$$

式中，T 为采样周期；τ 为采样时间，$\tau \ll T$；n 为整数。

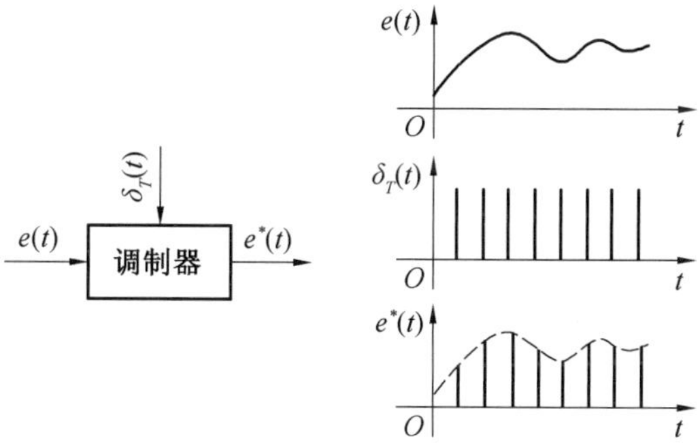

图 7－6　采样信号的调制过程

三、采样定理(Shannon 定理)

$$E^*(\mathrm{j}\omega)=\frac{1}{T}\sum_{n=-\infty}^{\infty}E(s+\mathrm{j}n\omega_s) \tag{7-3}$$

$E(\mathrm{j}\omega)$ 为连续信号 $e(t)$ 的频谱，如图 7－7 所示，$E^*(\mathrm{j}\omega)$ 为采样信号 $e^*(t)$ 的频谱，如图 7－8 所示。

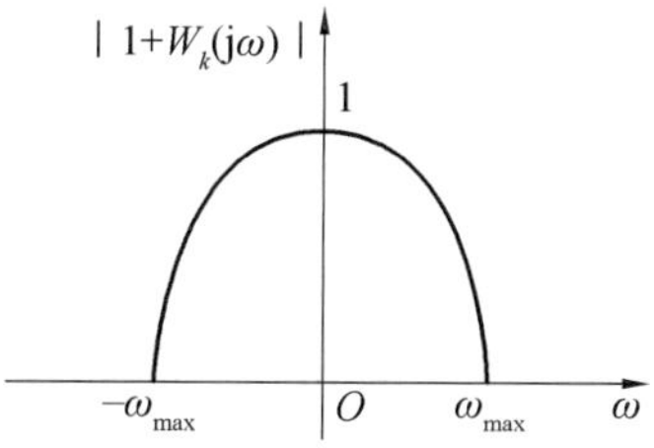

图 7－7　连续函数的频谱

由图 7－8 可见，相邻两部分频谱彼此不能重叠的条件是：采样频率 ω_s 必须大于或等于采样开关输入连续信号 $e(t)$ 频谱中最高频率 $\omega_{\max}$ 的 2 倍，即 $\omega_s \geq 2\omega_{\max}$。如果 $\omega_s < 2\omega_{\max}$，不能满足采样定理，发生相邻部分频谱重叠的现象，即使通过理想滤波器，也难以准确地恢复原来的连续信号。

Shannon 采样定理叙述如下：要保证采样后的离散信号不失真地恢复原时间信号，或者要保持信号经采样后不会导致任何信息丢失，必须满足两个条件：

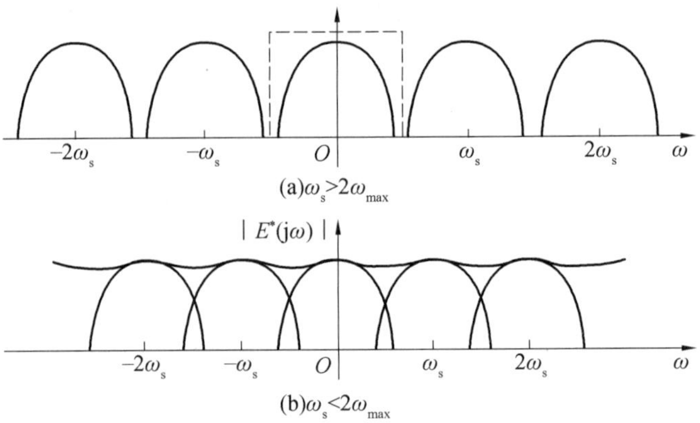

图 7－8　采样信号的频谱

(1) 信号必须是频谱宽度受限的，即其频谱所含频率成分的最高频率为 $\omega_{\max}$；

(2) 采样频率 ω_s 必须至少是信号最高频率的 2 倍，即 $\omega_s \geqslant 2\omega_{\max}$。

四、信号的复现及零阶保持器

从采样信号中恢复出连续时间信号称为信号的复现。在满足采样定理的前提下，采样信号没有混叠现象。把前一个采样时刻 nT 的采样值不增不减地保持到下一个采样时刻 $(n+1)T$ 的保持器称为零阶保持器。其输入信号与输出信号之间的关系如图 7－9 所示。采样值经过保持器既不放大，也不衰减，保存一个采样周期 T。

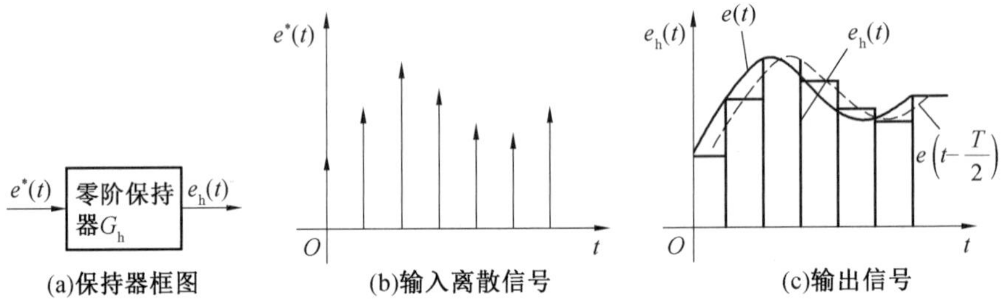

图 7－9　零阶保持器输入输出之间关系图

零阶保持器单位脉冲响应如图 7－10 所示。

零阶保持器脉冲响应可表示为

$$g_h(t) = 1(t) - 1(t-T) \tag{7－4}$$

零阶保持器的传递函数为

$$G_h(s) = \frac{1-e^{-Ts}}{s} \tag{7－5}$$

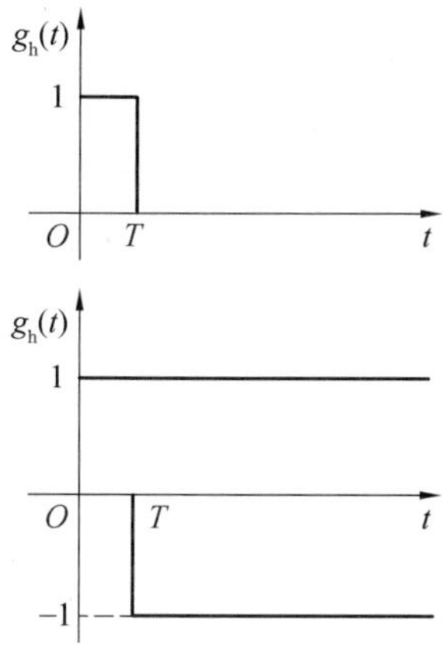

图 7－10　零阶保持器单位脉冲响应

令 $s=j\omega$，可以求得零阶保持器的频率特性为

$$G_h(j\omega)=\frac{1-e^{-j\omega T}}{j\omega}=\frac{2e^{-j\frac{\omega T}{2}}\left(e^{j\frac{\omega T}{2}}-e^{-j\frac{\omega T}{2}}\right)}{2j\omega}=T\frac{\sin\left(\frac{\omega T}{2}\right)}{\frac{\omega T}{2}}e^{-j\frac{\omega T}{2}} \tag{7－6}$$

则零阶保持器的幅频响应和相频响应分别为

$$|G_h(j\omega)|=T\frac{\sin\left(\frac{\omega T}{2}\right)}{\frac{\omega T}{2}} \tag{7－7}$$

$$\angle G_h(j\omega)=-\frac{\omega T}{2} \tag{7－8}$$

零阶保持器频率响应如图 7－11 所示。

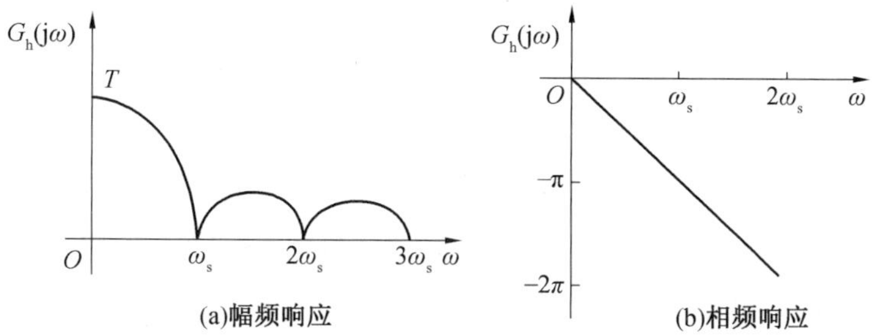

图 7－11　零阶保持器频率响应

幅频特性的幅值随频率 ω 的增大而衰减，具有明显低通滤波特性。零阶保持器不是一个理想的低通滤波器，它除了允许主频谱通过外，还允许部分高频谱通过。因此，由零

阶保持器恢复的连续信号 $e_h(t)$ 与原来的连续信号 $e(t)$ 是有差别的。采用零阶保持器还将产生滞后相移，这将使系统的相对稳定性降低。从零阶保持器输入输出关系图中也可看出，将阶梯信号的中点连接起来形成的虚线的形状与原连续信号 $e(t)$ 相同，相位滞后 $T/2$，该曲线的数字表达式为 $e(t-T/2)$。与其他各阶保持器相比，零阶保持器产生的相位滞后最小。

第二节　离散系统的数学模型

一、离散控制系统的数学模型基本概念

与线性连续系统类似，在线性离散系统中，零初始条件下，系统输出信号的 Z 变换与系统输入信号的 Z 变换之比，称为脉冲传递函数或称 Z 传递函数。

$$G(z)=\frac{C(z)}{R(z)} \tag{7-9}$$

在实际的采样系统中，系统的输出信号常常是连续信号，为了应用脉冲传递函数的概念，可以在系统的输出端虚设一个同步采样开关，这样输出为离散信号。如图 7－12 所示。

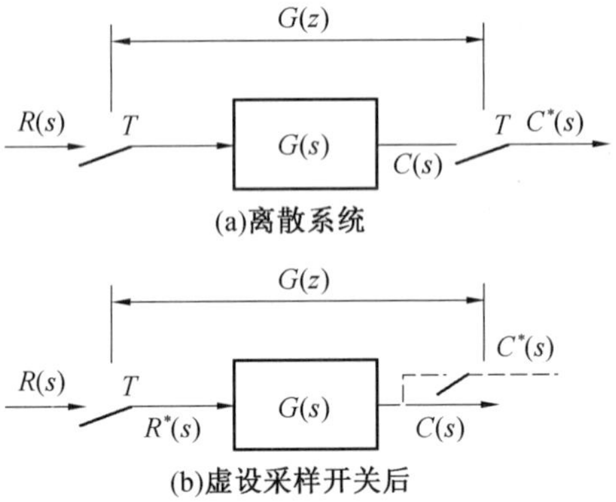

图 7－12　离散控制系统的脉冲传递函数

因为

$$C(z)=G(z)R(z) \tag{7-10}$$

若系统输入

$$r(t)=\delta(t) \tag{7-11}$$

则输出信号的 Z 变换

$$C(z)=G(z) \tag{7-12}$$

从物理意义来看，离散系统的脉冲传递函数就是系统单位脉冲响应函数采样值的 Z 变换，即

$$G(z)=\sum_{k=0}^{\infty}g(kT)z^{-k} \tag{7-13}$$

二、开环系统的脉冲传递函数

(一) 串联环节的脉冲传递函数

串联环节之间有采样开关

$$G(z)=\frac{C(z)}{R(z)}=G_1(z)G_2(z) \tag{7-14}$$

串联环节之间无采样开关

$$G(z)=\frac{C(z)}{R(z)}=Z[G_1(s)G_2(s)]=G_1G_2(z) \tag{7-15}$$

注意

$$Z[G_1(s)G_2(s)]=G_1G_2(z)\neq G_1(z)G_2(z) \tag{7-16}$$

(二) 并联环节的脉冲传递函数

并联环节的开环系统结构图如图 7－13 所示。

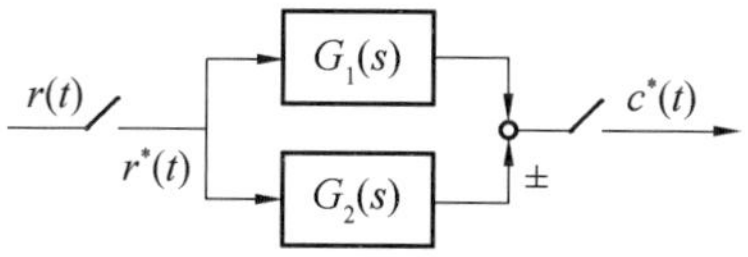

图 7－13　并联环节的开环系统结构图

则

$$G(z)=\frac{C(z)}{R(z)}=G_1(z)\pm G_2(z) \tag{7-17}$$

三、闭环系统的脉冲传递函数

(一) 闭环系统脉冲传递函数的一般计算方法

求闭环系统的脉冲传递函数，通常采用基于定义的计算方法。这需要在已知的系统结构图中明确标注各环节的输入、输出信号，然后运用代数消元法来推导出系统的输入、输出关系式。然而，对于较为复杂的离散控制系统，采用这种方法进行计算会显得相当烦

琐和困难。

例如:闭环离散控制系统的结构图如图 7－14 所示,求脉冲传递函数。

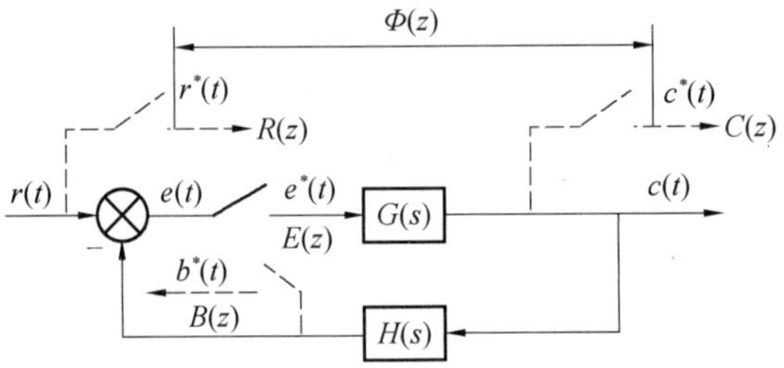

图 7－14　闭环离散控制系统的结构图

解

$$C(z)=E(z)G(z)$$

$$B(z)=E(z)GH(z)$$

$$E(z)=R(z)-B(z)$$

则

$$\frac{C(z)}{R(z)}=\frac{G(z)}{1+GH(z)}$$

又如闭环离散控制系统的结构图如图 7－15 所示,求脉冲传递函数。

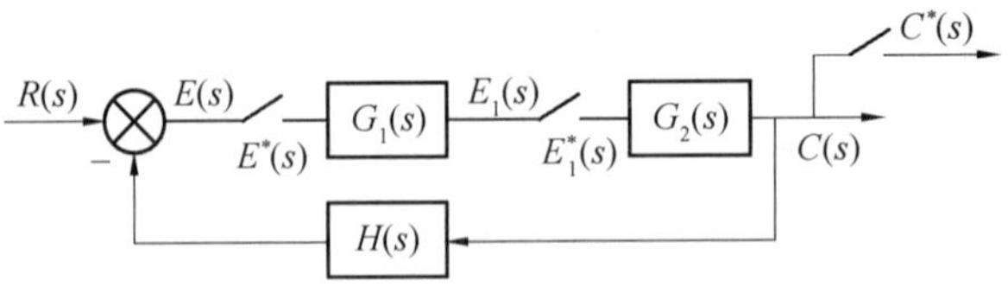

图 7－15　闭环离散控制系统的结构图

解

$$C(z)=E_1(z)G_2(z)$$

$$E_1(z)=E(z)G_1(z)$$

$$E(z)=R(z)-G_2H(z)E_1(z)$$

则

$$\frac{C(z)}{R(z)}=\frac{G_1(z)G_2(z)}{1+G_1(z)G_2H(z)}$$

(一)闭环系统脉冲传递函数的简易计算方法

简易计算方法步骤如下:

第一，将离散系统中的采样开关去掉，求出对应连续系统的输出表达式。

第二，表达式中各环节乘积项需逐个决定其“*”号。方法是：乘积项中某项与其余相乘项两两比较，当且仅当该项与其中任一相乘项均被采样开关分隔时，该项才能打“*”号。否则需相乘后才打“*”号。

第三，取 Z 变换，把有“*”号的单项中的 s 变换为 Z，多项相乘后仅有一个“*”号的其 Z 变换等于各项传递函数乘积的 Z 变换。

简易计算方法的适应条件：输入信号在进入反馈回路后，至回路输出节点前，至少有一个真实的采样开关。

例如：离散系统的结构图如图 7－16 所示，求该系统的脉冲传递函数。

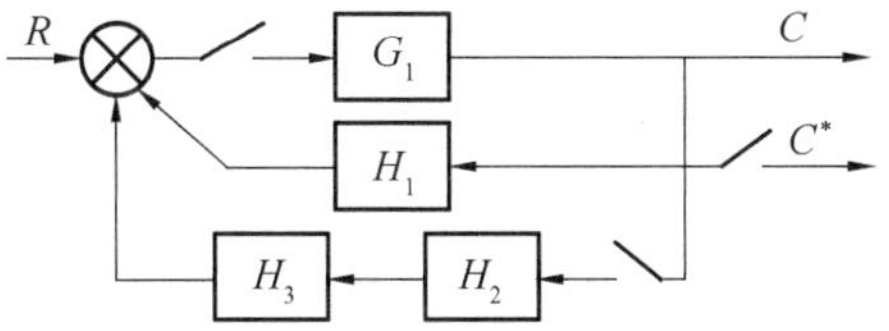

图 7－16　离散系统的结构图

解　该系统可用简易法计算。去掉采样开关后，连续系统的输出表达式为

$$C(s)=\frac{G_1(s)R(s)}{1+G_1(s)H_1(s)+G_1(s)H_2(s)H_3(s)}$$

对上式进行脉冲变换（加“*”）为

$$C^*(s)=\frac{G_1{}^*(s)R^*(s)}{1+[G_1(s)H_1(s)]^*+G_1{}^*(s)\,[H_2(s)H_3(s)]^*}$$

变量置换得

$$C(z)=\frac{G_1(z)R(z)}{1+G_1H_1(z)+G_1(z)H_2H_3(z)}$$

第三节　离散系统的稳定性分析

一、离散系统的暂态响应分析

$c^*(t)$ 与用拉普拉斯变换法分析连续系统的暂态响应相似，用 Z 变换法分析离散系统的暂态响应，根据闭环脉冲传递函数和输入信号，求出离散系统输出信号 $c^*(t)$。根据输出信号 $c^*(t)$，可求出超调量 M_p，调节时间 t_s 等性能指标。

(一) 闭环零、极点分布与暂态响应的一般关系

离散系统的单位阶跃响应

$$R(z)=z/(z-1),C(z)=G(z)R(z)$$

$$G(z)=\frac{C(z)}{R(z)}=\frac{b_0z^m+b_1z^{m-1}+b_2z^{m-2}\cdots+b_{m-1}z+b_m}{a_0z^n+a_1z^{n-1}+a_2z^{n-2}+\cdots+a_{n-1}z+a_n}$$

$$C(z)=A_0\frac{z}{z-1}+\sum_{i=1}^{n}A_i\frac{z}{z-\lambda_i}(A_i\text{ 为留数})$$

$$C(kT)=A_0 1(k)+\sum_{i=1}^{n}A_i\lambda_i^k \tag{7-18}$$

(二) 极点 λ_i 在 z 平面不同位置时的暂态响应情况

$$C(kT)=A_0 1(k)+\sum_{i=1}^{n}A_i\lambda_i^k \tag{7-19}$$

闭环实极点分布与相应的动态响应形式如图 7－17 所示。

1. λ_i 为正实数

输出采样信号的暂态分量：

当 $\lambda_i>1$ 时，$c_i(k)$ 为发散的指数函数，λ_i^k 随着 k 的增加而增加。

当 $\lambda_i<1$ 时，$c_i(k)$ 为衰减的指数函数，λ_i 距坐标原点越近，λ_i^k 衰减越快。

2. λ_i 为负实数

当 k 为偶数时，λ_i^k 为正；当 k 为奇数时，λ_i^k 为负。随着 k 增加，λ_i^k 符号交替变化。

当 $|\lambda_i|>1$ 时，$c_i(k)$ 为发散振荡；当 $|\lambda_i|<1$ 时，$c_i(k)$ 为衰减振荡，振荡的角频率为 π/T。

3. 有一对共轭复数极点 λ_i 和 $\bar{\lambda}_i$

$$C^*(t)=Z^{-1}\left[A_i\frac{z}{z-\lambda_i}+A_{i+1}\frac{z}{z-\bar{\lambda}_i}\right] \tag{7-20}$$

$$c_i(k)=A_i\lambda_i^k+\bar{A}_i\bar{\lambda}_i^k=A_i\,|\lambda_i|^k e^{jk\theta_i}+\bar{A}_i\,|\lambda_i|^k e^{-jk\theta_i} \tag{7-21}$$

又因为

$$A_i=|A_i|e^{j\varphi_i},\quad \bar{A}_i=|A_i|e^{-j\varphi_i} \tag{7-22}$$

$$\begin{aligned}c_i(k)&=|A_i|\,|\lambda_i|^k e^{j(k\theta_i+\varphi_i)}+|A_i|\,|\lambda_i|^k e^{-j(k\theta_i+\varphi_i)}\\&=2|A_i|\,|\lambda_i|^k\cos(k\theta_i+\varphi_i)\end{aligned} \tag{7-23}$$

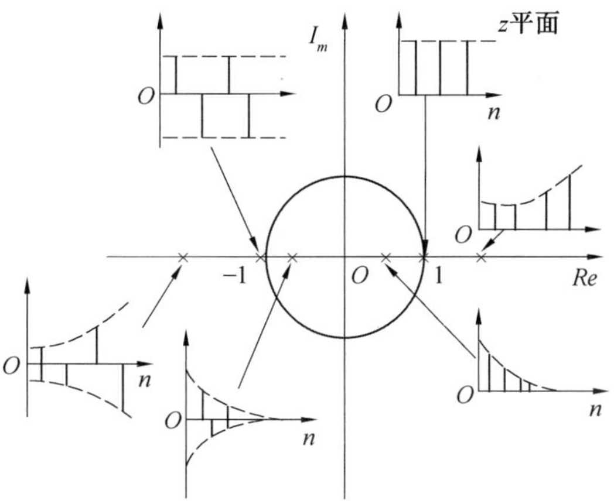

图 7－17　闭环实极点分布与相应的动态响应形式

当$|\lambda_i|>1$时，$c_i(k)$为发散振荡函数；当$|\lambda_i|<1$时，$c_i(k)$为衰减振荡函数，如图7－18所示。

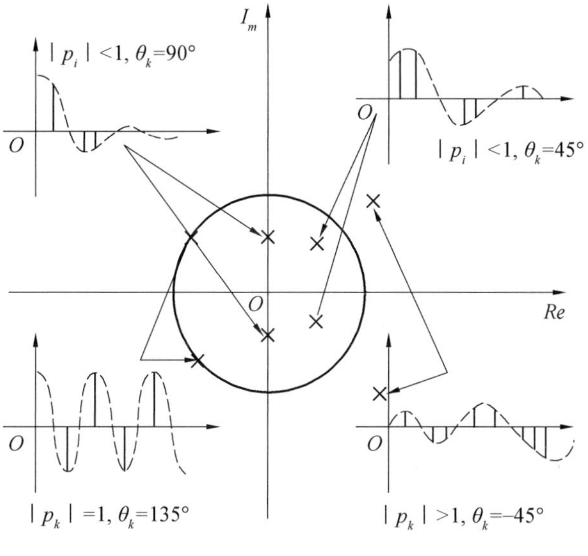

图 7－18　闭环共轭复数极点分布与对应的动态响应形式

(三) 闭环脉冲传递函数的极点在暂态分量的性质和特点

由图7－19可知，在离散系统设计时，应把闭环极点安置在z平面的右半单位圆内，且尽量靠近原点。

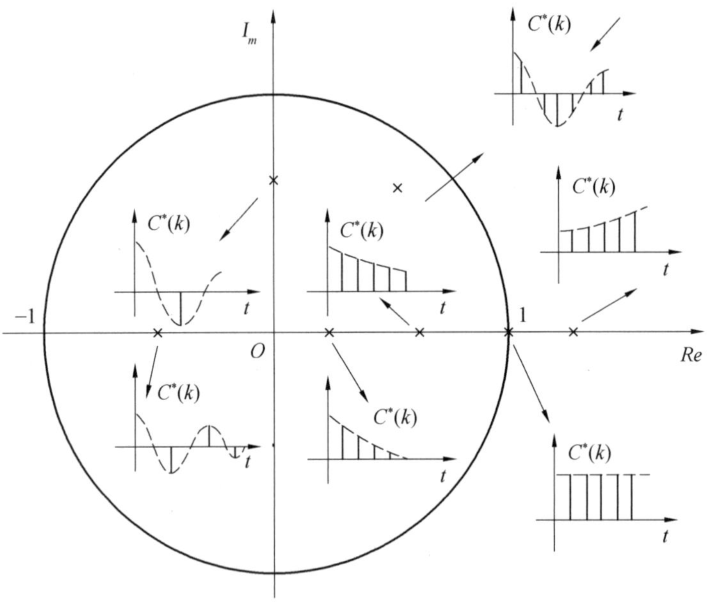

图 7－19　闭环脉冲传递函数的极点在 z 平面上的位置与对应暂态分量

二、离散系统的稳定性分析实践

（一）线性离散系统稳定的充要条件

闭环离散系统稳定的充要条件是闭环极点均在 z 平面上的单位圆内，即 $|\lambda_i|<1$。

（二）s 平面与 z 平面的映射关系

设 $s=\sigma+j\omega$，则 $z=e^{T_s}=e^{\sigma T}\cdot e^{j\omega T}$。

当 $\sigma=0, s=j\omega, z=1\cdot e^{j\omega T}$ 时，即 s 平面的虚轴映射为 z 平面上以原点为圆心的单位圆周，为临界稳定区域。当 $\sigma<0$ 时，$|z|<1$，即左半 s 平面映射为 z 平面上单位圆内域，为稳定区域，如图 7－20 所示。

（三）劳斯稳定判据在离散系统中的应用

离散系统不能直接使用劳斯稳定判据。需要采用 ω 变换，或称双线性变换，将 z 平面上单位圆周映射到新坐标系中的虚轴。

双线性变换 $z=\dfrac{\omega+1}{\omega-1}$，同时有 $\omega=\dfrac{z+1}{z-1}$。

分析离散系统的稳定性时，先令 $z=\dfrac{\omega+1}{\omega-1}$，代入离散系统的特征方程进行 ω 变换，再用劳斯判据判其稳定性。

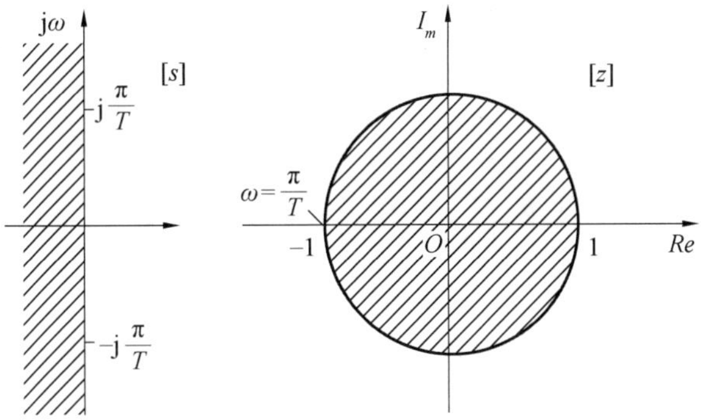

图 7－20　s 平面与 z 平面的映射关系

设离散控制系统的方框图如图 7－21 所示。采样周期 $T=0.1$ s，试求使系统稳定的 K 的取值范围。

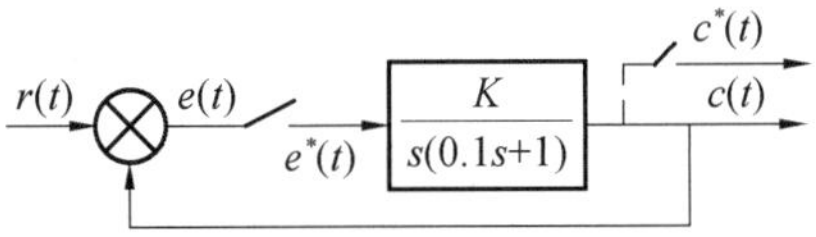

图 7－21　离散控制系统的方框图

开环脉冲传递函数为

$$G(z)=Z\left[\frac{K}{s(0.1s+1)}\right]=Z\left[K\left(\frac{1}{s}-\frac{1}{s+10}\right)\right]$$
$$=K\left(\frac{z}{z-1}-\frac{z}{z-e^{-10T}}\right) \tag{7-24}$$

将 $T=0.1$ s 代入上式可得

$$G(z)=\frac{0.632Kz}{z^2-1.368z+0.368} \tag{7-25}$$

系统的闭环脉冲传递函数为

$$\frac{C(z)}{R(z)}=\frac{G(z)}{1+G(z)} \tag{7-26}$$

系统的特征方程为 $1+G(z)=0$，将 $G(z)$ 代入上式，整理得

$$z^2+(0.632K-1.386)z+0.368=0$$

令 $z=\dfrac{\omega+1}{\omega-1}$，代入上式得

$$\left(\frac{\omega+1}{\omega-1}\right)^2+(0.632K-1.368)\left(\frac{\omega+1}{\omega-1}\right)+0.368=0$$

化简后得

$$0.632K\omega^2 + 1.264\omega + (2.736 - 0.632K) = 0$$

根据上式写出劳斯表为

ω^2	$0.632K$	$2.736 - 0.632K$
ω^1	1.264	
ω^0	$2.736 - 0.632K$	

要使系统稳定，劳斯表中第一列各项系数均要大于零。即 $2.736 - 0.632K > 0$，所以 $0 < K < 4.32$，使系统稳定 K 的取值范围为 $0 \sim 4.32$。

比较加采样开关前后系统的稳定性可知，采样开关的引入会使系统的稳定性变坏。

三、离散系统的稳态误差

设采样系统的结构图如图 7－22 所示，系统的误差脉冲传递函数为

$$E(z) = \frac{1}{1 + GH(z)} R(z) \tag{7-27}$$

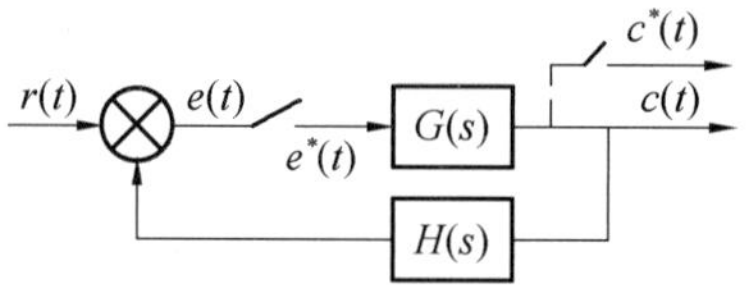

图 7－22　采样系统的结构图

则

$$\frac{E(z)}{R(z)} = \frac{1}{1 + GH(z)} \tag{7-28}$$

由 Z 变换终值定理得稳态误差为

$$e_{ss} = \lim_{t \to \infty} e^*(t) = \lim_{z \to 1} (z-1)E(z) = \lim_{z \to 1} (z-1) \frac{R(z)}{1 + GH(z)} \tag{7-29}$$

三种典型输入作用下的稳态误差。

（一）单位阶跃函数输入

$$r(t) = 1(t), R(z) = \frac{z}{z-1} \tag{7-30}$$

稳态误差为

$$e_{ss} = \lim_{z \to 1} (z-1) \frac{1}{1 + GH(z)} \cdot \frac{z}{z-1} = \lim_{z \to 1} \frac{1}{1 + GH(z)} = \frac{1}{1 + K_P} \tag{7-31}$$

式中，$K_P = \lim_{z \to 1} GH(z)$ 为系统的静态位置误差系数。

对于 0 型系统，$\nu=0$，$K_p=K$，$e_{ss}=\dfrac{1}{1+K_p}$；

对于 1 型及以上系统，$\nu\geqslant 1$，$K_p=\infty$，$e_{ss}=0$。

(二) 单位斜坡函数输入

$$r(t)=t, R(z)=\frac{Tz}{(z-1)^2} \tag{7-32}$$

稳态误差为

$$\begin{aligned} e_{ss}&=\lim_{z\to 1}(z-1)\frac{1}{1+GH(z)}\cdot\frac{Tz}{(z-1)^2}=\lim_{z\to 1}\frac{Tz}{(z-1)[1+GH(z)]}\\ &=\frac{1}{\lim\limits_{z\to 1}\frac{1}{T}(z-1)GH(z)}=\frac{1}{K_V} \end{aligned} \tag{7-33}$$

式中，$K_V=\dfrac{1}{T}\lim\limits_{z\to 1}(z-1)GH(z)$ 为静态速度误差系数。

从定义式中可以看出，系统在斜坡输入信号作用下，不存在误差的条件是开环传函中至少要有两个 $z=1$ 的极点。

(三) 单位抛物线函数输入

$$r(t)=\frac{t^2}{2}, R(z)=\frac{T^2z(z+1)}{2(z-1)^3} \tag{7-34}$$

稳态误差为

$$\begin{aligned} e_{ss}&=\lim_{z\to 1}(z-1)\frac{1}{1+GH(z)}\frac{T^2z(z+1)}{2(z-1)^3}\\ &=\frac{1}{\frac{1}{T^2}\lim\limits_{z\to 1}(z-1)^2GH(z)}=\frac{1}{K_a} \end{aligned} \tag{7-35}$$

式中，$K_a=\dfrac{1}{T^2}\lim\limits_{z\to 1}(z-1)^2GH(z)$ 为系统的静态加速度误差系数。

系统在抛物线函数输入信号作用下，不存在误差的条件是开环传函中至少要有三个 $z=1$ 极点。

设离散控制系统的方框图如图 7－23 所示。采样周期 $T=0.1$ s，试确定系统分别在单位阶跃、单位斜坡和单位抛物线函数输入信号作用下的稳态误差。

开环脉冲传递函数为

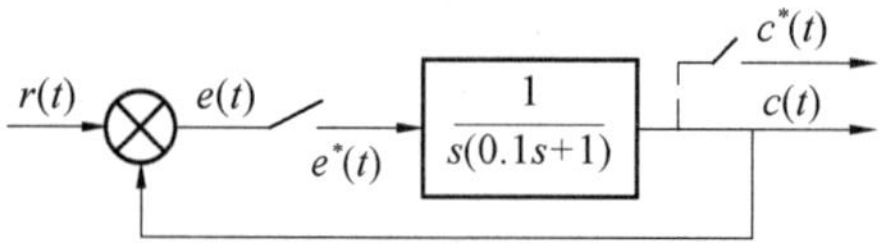

图 7－23　离散控制系统的方框图

$$G(z)=Z\left[\frac{1}{s(0.1s+1)}\right]=Z\left[\left(\frac{1}{s}-\frac{1}{s+10}\right)\right]$$
$$=\frac{z}{z-1}-\frac{z}{z-\mathrm{e}^{-10T}} \tag{7-36}$$

将 $T=0.1\ \mathrm{s}$ 代入上式可得

$$G(z)=\frac{0.632z}{z^2-1.368z+0.368} \tag{7-37}$$

系统的特征方程为 $1+G(z)=0$，将 $G(z)$ 代入上式整理得

$$z^2-0.736z+0.368=0 \tag{7-38}$$

令 $z=\frac{\omega+1}{\omega-1}$，代入上式并化简得

$$D(\omega)=0.632\omega^2+1.264\omega+2.104=0 \tag{7-39}$$

由于系数均大于零，所以系统是稳定的。

静态误差系数

$$K_{\mathrm{P}}=\lim_{z\to1}G(z)=\lim_{z\to1}\frac{0.632z}{(z-1)(z-0.368)}=\infty$$

$$K_V=\frac{1}{T}\lim_{z\to1}(z-1)G(z)=\frac{1}{T}\lim_{z\to1}\frac{0.632z}{z-0.368}=10$$

$$K_{\mathrm{a}}=\frac{1}{T^2}\lim_{z\to1}(z-1)^2G(z)=\frac{1}{T^2}\lim_{z\to1}(z-1)\frac{0.632z}{z-0.368}=0$$

所以，不同输入信号作用下的稳态误差如下：

单位阶跃

$$e_{\mathrm{ss}}=\frac{1}{1+K_{\mathrm{P}}}=0$$

单位斜坡

$$e_{\mathrm{ss}}=\frac{1}{K_V}=\frac{1}{10}=0.1$$

单位抛物线

$$e_{\mathrm{ss}}=\frac{1}{K_{\mathrm{a}}}=\infty$$

第四节　基于 MATLAB 的离散系统分析与校正

一、连续系统的离散化

在 MATLAB 软件中对连续系统的离散化是应用 c2dm() 函数实现的，c2dm() 函数的一般格式为

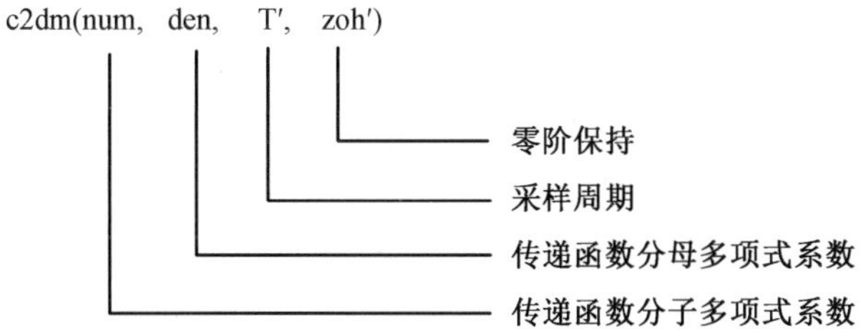

已知离散系统的结构如图 7－24 所示，求开环脉冲传递函数(采样周期 $T=1$ s)。

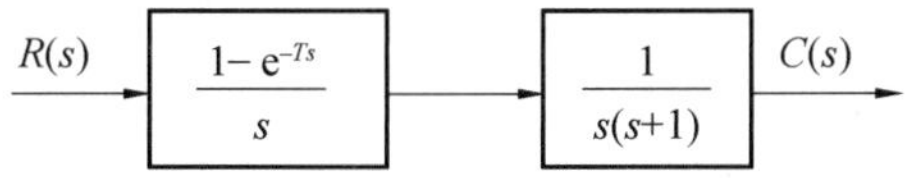

图 7－24　离散系统结构图

可用解析法求

$$G(z)=\frac{z-1}{z}z\left[\frac{1}{s^2(s+1)}\right]=\frac{0.368z+0.264}{z^2-1.368z+0.368} \tag{7-40}$$

用 MATLAB 可以方便求得上述结果。

程序如下：

```
%This script converts the transfer function
%G(s)=1/s(s+1)to a discrete-time system
%with a sampling period of T=1sec
%
num=[1];den=[1,1,0];
T=1
[numZ,denZ]=c2dm(num,den,T,'zoh');
printsys(numZ,denZ,'Z')
```

运行结果为$\frac{0.368z+0.264}{z^2-1.368z+0.368}$。

可见，解析法和 MATLAB 方法得到的结果相同。

二、求离散系统的响应

在 MATLAB 软件中，求离散系统的响应可运用 dstep()、dimpulse()、dlism() 函数实现。其分别用于求离散系统的阶跃、脉冲及任意输入时的响应。dstep() 的一般格式如下：

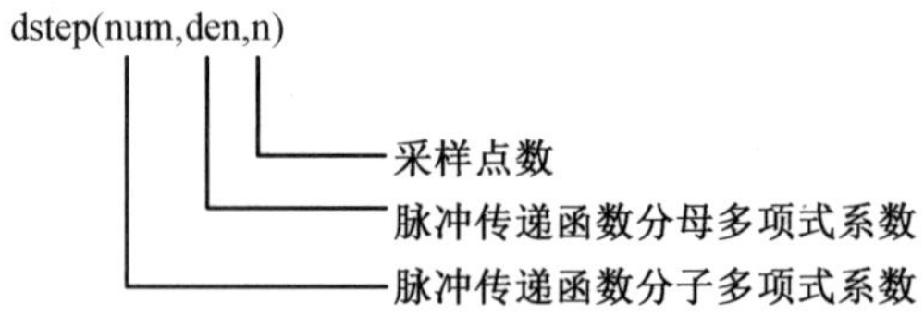

已知离散系统结构图如图 7－25 所示，输入为单位阶跃，采样周期 $T=1$ s，求输出响应。

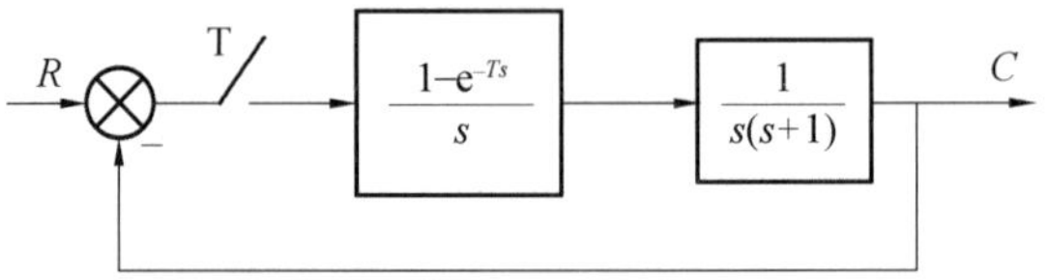

图 7－25　离散系统结构图

解

$$G(z)=\frac{z-1}{z}z\left[\frac{1}{s^2(s+1)}\right]=\frac{0.368z+0.264}{z^2-1.368z+0.368}$$

$$\varphi(z)=\frac{G(z)}{1+G(z)}=\frac{0.368z+0.264}{z^2-z+0.632}$$

$$C(z)=\varphi(z)R(z)=\frac{z(0.368z+0.264)}{(z-1)(z^2-z+0.632)}$$

$$=0.368z^{-1}+z^{-2}+1.4z^{-3}+1.4z^{-4}+1.14z^{-5}\cdots$$

$$c^*(t)=0.368\delta(t-T)+\delta(t-2T)+1.4\delta(t-3T)+1.4\delta(t-4T)+$$
$$1.14\delta(t-5T)+\cdots$$

用 MATLAB 中的 dstep() 函数可很快得到输出响应，如图 7－26 所示。程序如下：

```
%This script gene rather the unit step response,y(kT),
%for the sampled data system given in example
%
```

```
num=[0.368  0.264];den=[1-10.632];
dstep(num,den)
%This script computes the continuous-time unit
%step response for the system in example
numg=[0 0 1];deng=[1 1 0];
[nd,dd]=pade(1,2)
numd=dd-nd;
dend=conv([1 0],dd);
[numdm,dendm]=minreal(numd,dend);
%
[nl,dl]=series(numdm,dendm,numg,deng);
[num,den]=cloop(nl,dl);
t=[0:0.1:20];
step(num,den,t)
```

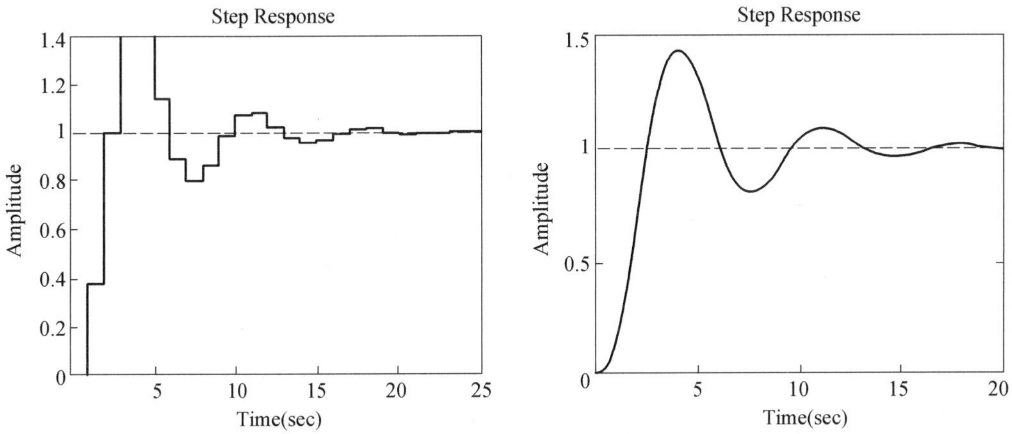

图 7－26　系统阶跃响应仿真图

三、MATLAB 在离散系统的时域分析中的应用

假定一因果系统为

$$y(n)-0.4y(n-1)+0.75y(n-2)=2.2403x(n)+2.4908x(n-1)+2.2403x(n-2)$$

用 MATLAB 程序仿真该系统，输入 3 个不同的输入序列：

$x_1(n)=\cos(2\pi\cdot 0.1n)$，$x_2(n)=\cos(2\pi\cdot 0.4n)$，$x=2x_1(n)-3x_2(n)$

计算并显示相应的输出 $y_1(n)$，$y_2(n)$ 和 $y(n)$。

解 MATLAB 源程序如下：

```
clf;
n=0:40;
a=2;b=-3;
x1=cos(2*pi*0.1*n);
x2=cos(2*pi*0.4*n);
x=a*x1+b*x2;
den=[1,-0.4,0.75];
num=[2.2403  2.4908  2.2403];     %分子系数
ic=[0 0];                          %设置零初始条件
y1=filter(num,den,x1,ic);          %计算输入为x1(n)时的输出y1(n)
y2=filter(num,den,x2,ic);          %计算输入为x2(n)时的输出y2(n)
yn=filter(num,den,x,ic);           %计算输入为x(n)时的输出y(n)
subplot(2,2,1)
stem(n,y1);
ylabel('振幅');
title('y1输出');
subplot(2,2,2)
stem(n,y2);
ylabel('振幅');
title('y2输出');
subplot(2,2,3)
stem(n,yn);
ylabel('振幅');
title('yn输出');
```

用 MATLAB 程序仿真该系统输出结果图如图 7－27 所示。

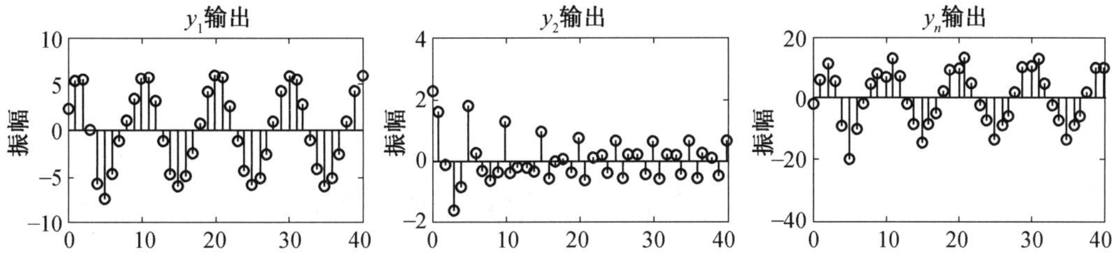

图 7－27　用 MATLAB 程序仿真该系统输出结果图

第八章　非线性控制系统的分析基础

第一节　非线性系统概述

一、非线性系统的特点

非线性系统与线性系统相比，具有诸多独特特性，主要体现在：

第一，线性系统的稳定性仅由结构和参数决定，与非线性系统不同，后者还受初始条件和输入信号的影响。非线性系统在不同条件下可能呈现不同的最终状态。

第二，线性系统运动状态非收敛即发散，临界稳定状态下的等幅振荡实际不可持续。而非线性系统除收敛或发散外，还可能产生自持振荡，其频率和振幅可通过调整系统结构和参数来改变。

第三，线性系统输入正弦信号时，输出为同频率正弦信号，仅振幅和相位有差异。非线性系统输入正弦信号，输出则包含高次谐波，非正弦周期函数，无法直接用线性系统概念分析。

第四，线性系统可应用叠加原理求解，非线性系统则不能。非线性控制系统分析重点在于判断稳定性、自激振荡及其频率振幅，以及如何消除或减小自激振荡振幅。

二、非线性系统的研究方法

由于非线性系统与线性系统存在着根本性的差异，导致非线性系统的分析、设计方法与线性系统大相径庭。线性控制系统理论中的传递函数、频率特性、典型输入响应等概念，在非线性系统中已不再适用。截至目前，对于非线性系统，尚未形成如线性系统那般具有广泛适用性的分析、设计方法。

在工程实践中，对于非本质非线性系统，常采用线性化处理手段，随后运用线性系统理论进行研究；而本质非线性系统则需采用专门的方法进行分析。非线性系统的研究方法主要包括：

(一) 描述函数法

描述函数法是一种在频域内进行等效线性化的方法。该方法不受系统阶次的约束，但需满足一定的假设条件，且主要提供关于系统稳定性的信息。

(二) 相平面法

相平面法是一种基于时域的状态空间分析、设计方法。通过该方法，可以深入了解系统的稳定性能和动态响应性能，但其适用范围仅限于一阶、二阶系统。

(三) 逆系统法

逆系统法通过内环非线性反馈控制，构建出伪线性系统，并以此为基础设计外环控制网络。该方法直接运用数学工具探讨非线性控制问题，无须求解非线性系统的运动方程，是非线性系统控制研究的一个重要方向。

三、典型非线性环节及其特性

非线性控制系统是指那些包含一个或多个无法用小信号线性化方法近似处理的非线性环节的系统。这些非线性环节的理想特性往往呈现出分段线性的特征，而非线性因素在实际工程系统中是广泛存在且不可忽视的。

在实际系统中，可以观察到多种形式的非线性特性，其中饱和、死区、间隙、摩擦以及继电器特性是最为常见的几种。这些非线性特性对系统的性能和稳定性产生着重要影响。为了更深入地理解它们，下面我们将从物理概念的角度出发，对这些非线性特性进行定性的分析和简要说明。

通过对这些典型非线性环节的介绍和分析，可以得出一些对工程实践具有指导意义的结论。这些结论不仅有助于我们更好地理解和设计非线性控制系统，还能为实际工程中的应用提供有益的参考。接下来，将详细介绍这几种典型的非线性环节。

(一) 饱和非线性特性

饱和非线性特性如图 8－1 所示。图中 x 为非线性放大环节的输入信号，y 为输出信号，其数学表达式为

$$y=\begin{cases} Kx, & |x|\leqslant S \\ KS\operatorname{sign} x, & |x|>S \end{cases} \tag{8-1}$$

式中，S 为线性域宽度；K 为线性域斜率；$\operatorname{sign} x$ 为符号函数。

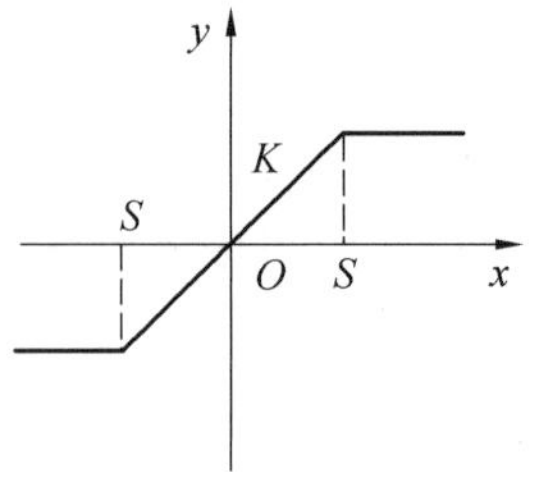

图 8－1　饱和非线性特性

$$\operatorname{sign} x=\begin{cases}+1, & x>0\\ -1, & x<0\\ 0, & x=0\end{cases} \tag{8-2}$$

饱和非线性特性在铁磁元件、各种放大器以及众多实际系统中均有所体现，其显著特点是：当输入信号超出一定的线性范围后，输出信号将不再紧随输入信号的变化而波动，而是趋于稳定在某个固定的常值上。这一现象导致非线性环节或元件的放大效能显著降低，进而使得系统的灵敏度减弱，过渡过程的时间也随之延长。

为了避免饱和非线性特性对系统性能造成的不利影响，确保系统能够保持优良的品质，通常需要采取措施尽量扩大系统的线性工作范围。这样一来，系统就能在更广泛的输入信号范围内保持稳定的线性输出，从而提高其整体性能和可靠性。

值得一提的是，在某些特定系统中，饱和非线性特性并非全然无益。相反，它可以被巧妙地利用来限制输出信号的幅度，从而有效控制某些关键的物理参量。这种应用方式不仅有助于保护系统免受过大信号的冲击，还能确保系统在安全、合理的状态下稳定运行。

（二）死区非线性特性

死区又称不灵敏区，死区非线性特性如图 8－2 所示。其数学表达式为

$$y=\begin{cases}0, & |x|\leqslant\Delta\\ K(x-\Delta\cdot\operatorname{sign} x), & |x|>\Delta\end{cases} \tag{8-3}$$

式中，Δ 为死区宽度；K 为线性输出斜率。

伺服电动机的始动电压以及测量元件的不灵敏区，都是死区非线性特性的典型表现。这种特性的显著特点是：当输入信号在零值附近的一个微小范围内波动时，非线性环节或元件并不会产生相应的输出；只有当输入信号超出这个范围时，才会有输出产生，并且输出与输入之间呈现出线性关系。

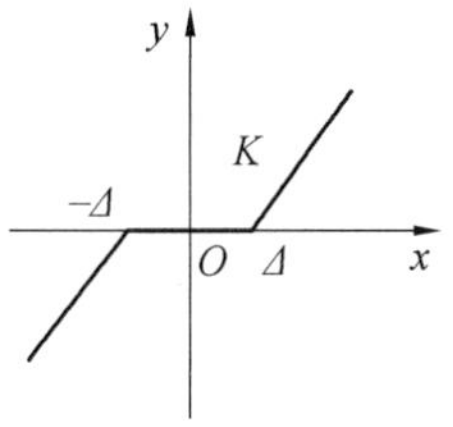

图 8－2　死区非线性特性

在自动控制系统中，死区特性的存在往往会导致系统的稳态误差增大。尤其是在系统的前级元件中，死区特性的影响尤为显著，对系统的整体性能产生不利影响。因此，在设计和优化自动控制系统时，需要充分考虑死区非线性特性的影响，并采取相应的措施来减小或消除其带来的稳态误差。

(三) 间隙非线性特性

间隙非线性特性又称回环特性，如图 8－3 所示。间隙非线性特性的数学表达式为

$$y=\begin{cases}K(x-b), & \dot{x}>0\\ K(x+b), & \dot{x}<0\\ a\operatorname{sign} x, & \dot{x}=0\end{cases} \tag{8-4}$$

式中，b 为间隙宽度；a 为常数；K 为线性输出特性斜率。

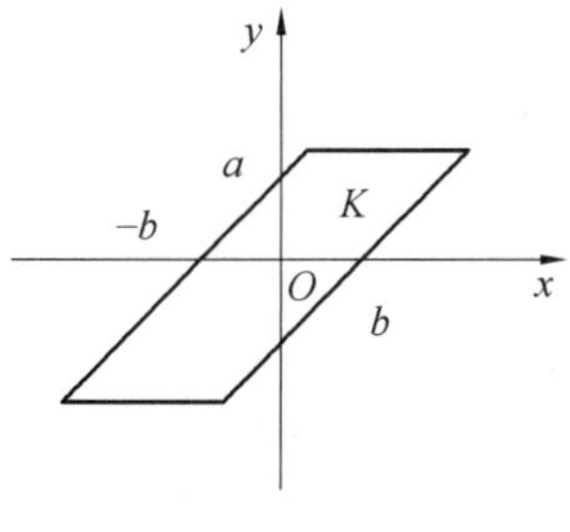

图 8－3　间隙非线性特性

间隙非线性特性的一个突出特征是，当元件未受到足够大的驱动力时，即输入信号未达到某个特定阈值，元件将不会产生任何输出响应。仅当输入信号 x 超出阈值 b 后，元件的输出才会随输入信号的线性增长而相应变化。特别地，在元件开始反向运动的瞬间，其输出会保持在运动方向改变那一刻的输出值上，直至输入信号反向变化达到 $2b$ 的幅度，输出信号才会再次随输入信号的变化而线性调整。

齿轮传动中的齿隙特性以及液压传动系统中的间隙特性，都是这种间隙非线性特性

的具体体现。在控制系统中，如果存在这种间隙特性，那么系统的输出信号在相位上可能会出现滞后现象，进而导致系统的稳定裕度降低，动态性能也会因此受到影响而变差。

(四) 继电器非线性特性

实际的继电器非线性特性如图 8－4(a) 所示。其数学表达式为

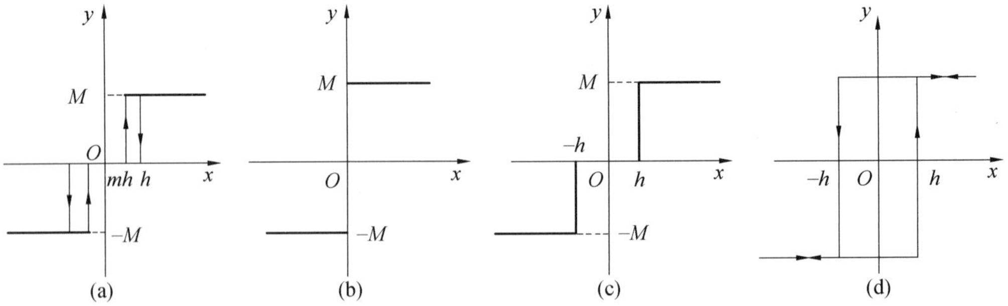

图 8－4　继电器非线性特性

$$y=\begin{cases}0, & -mh<x\langle h,\dot{x}\rangle 0\\ 0, & -h<x<mh,\dot{x}<0\\ M\cdot \operatorname{sign} x, & |x|\geqslant h\\ M, & |x|\geqslant mh,\dot{x}<0\\ -M, & |x|\leqslant -mh,\dot{x}>0\end{cases} \tag{8-5}$$

式中，h 为继电器吸合电压；mh 为继电器释放电压；M 为继电器饱和输出特性斜率。

图 8－4(a) 为死区非线性特性，它表示由于吸合电压和释放电压不同，输入输出特性不但含有死区和饱和特性，而且出现了滞环特性。若 $h=0$，即吸合电压和释放电压均为零，为零值切换，称这种特性为理想继电器特性，如图 8－4(b) 所示。如果 $m=1$，即吸合电压和释放电压相等，称这种特性为死区继电器特性，如图 8－4(c) 所示。若在图 8－4(a) 所示特性中，$m=-1$，即继电器的正向释放电压等于反向吸合电压，这种特性称为滞环继电器特性，如图 8－4(d) 所示。

继电器特性能够使被困住的执行电动机始终在额定和最大电压下工作，可以充分发挥其调节能力，所以利用继电器特性可以实现快速控制。

第二节　非线性系统的时域分析法——相平面法

相平面法本质上是一种求解二阶非线性常系数微分方程的图解法。为了得到有关相平面的基本概念,先从二阶线性常系数微分方程出发,然后讨论奇点和极限环的概念。

一、相平面图

设二阶线性微分方程为

$$T\ddot{x} + \dot{x} + Kx = T\ddot{r} + \dot{r} \tag{8-6}$$

其中,$r(t) = 1(t)$,是系统的输入信号。

设初始条件为:$x(0^+) = 0$,$\dot{x}(0^+) = 0$,则当 $t \geqslant 0^+$ 时,有

$$T\ddot{x} + \dot{x} + Kx = 0 \tag{8-7}$$

解微分方程式(8－7)可求得系统的单位阶跃响应曲线,如图8－5所示。

系统分析的最基本方法就是求得系统的时域响应,但是系统的时域行为也可以采用间接描述方法而不采用时间变量 t。对于一个二阶系统,要完全描述它的时域行为,至少要用两个变量(状态变量)。对式(8－7),可以选取 $\dot{x}(t)$ 和 $x(t)$ 为状态变量,由

$$\dot{x}(t) = \frac{\mathrm{d}x(t)}{\mathrm{d}t} \tag{8-8}$$

可以求得 $x(t)$ 和 $\dot{x}(t)$ 曲线,如图8－5和图8－6所示。

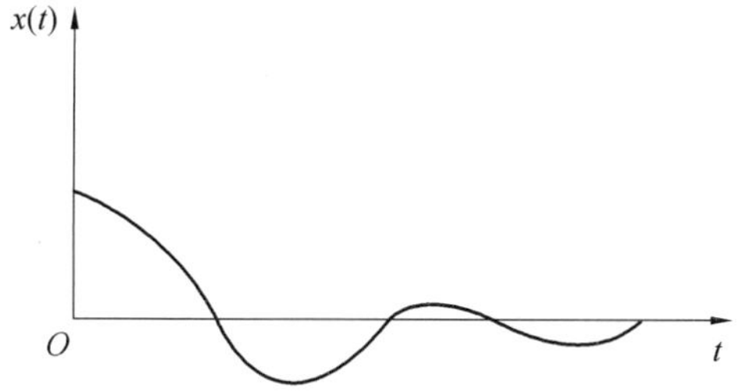

图8－5　单位阶跃响应曲线

选取 $\dot{x}(t)$ 和 $x(t)$ 作为状态变量,则系统的时域行为是以某一时刻的一组变量 $(x, \dot{x})$ 来描述的。如果在直角坐标系中以横坐标表示 $x(t)$,以纵坐标表示 $\dot{x}(t)$,这样确定的坐

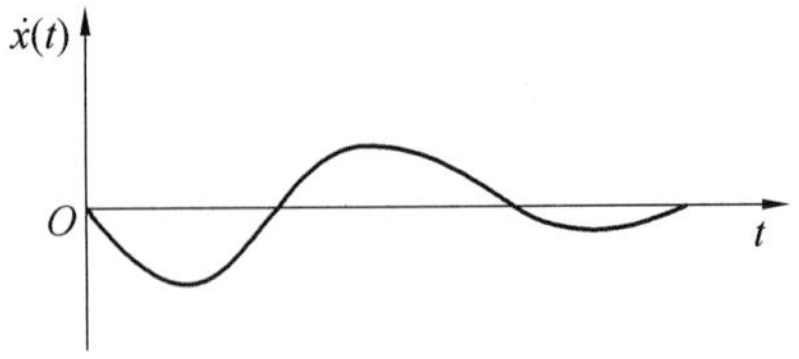

图 8－6　单位阶跃响应的导数曲线

标平面称为状态平面，或称为相平面。系统在某一时刻的状态由相平面上的一个点来描述。状态随时间的转移对应于相平面上点的移动。相平面上的点随时间变化描绘出的曲线称为相轨迹。根据图 8－5 和图 8－6，选取 $x(t)$ 和 $\dot{x}(t)$ 为状态变量绘制的相平面图，如图 8－7 所示，它描述了系统在 $x(0^+)=1$ 和 $\dot{x}(0^+)=0$ 的初始条件下，系统状态的转移情况，也就是系统在阶跃信号作用下系统的运动过程。

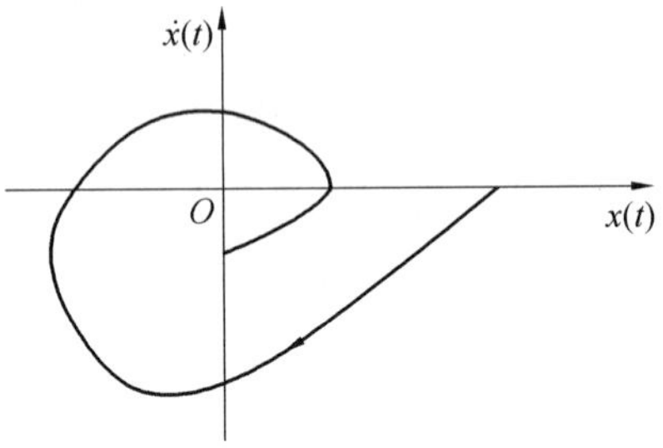

图 8－7　相平面图

以上是根据二阶系统进行分析的，下面考虑包含非线性的二阶系统的一般情况。设输入信号为零，二阶非线性时不变系统的微分方程如下：

$$\ddot{x}+f(x,\dot{x})=0 \tag{8－9}$$

式中，x 是描述系统运动状态的一个物理量，它可以是系统的输出量，也可以是系统中其他物理量；$f(x,\dot{x})$ 是 x 和 $\dot{x}$ 的解析函数，它可以是线性的，也可以是非线性的。

若选择

$$\begin{cases} x_1=x \\ x_2=\dot{x} \end{cases} \tag{8－10}$$

为系统的一组状态变量，则式(8－10) 可表示为

$$\begin{cases} \dot{x}_1=x_2 \\ \dot{x}_2=-f(x,\dot{x}) \end{cases} \tag{8－11}$$

根据以上分析，可以从几何的观点给出以下定义：

相平面：以 $x(t)$ 为横坐标，$\dot{x}(t)$ 为纵坐标的直角坐标平面称为相平面或状态平面。

相轨迹：在相平面上，由表示运动状态的动点（$x(t)$，$\dot{x}(t)$）所描绘的曲线称为相轨迹。相轨迹的起点由初始条件确定。

相平面图：给出一个初始状态点作为初始条件，便可确定一条对应的相轨迹曲线。各种不同的初始条件，则对应一个相轨迹曲线族，由相轨迹曲线族构成的图像称为相平面图。

奇点或平衡点：相轨迹上的某一点如果同时满足下列条件，即

$$\begin{cases}\dot{x}_1=\dot{x}=0\\ \dot{x}_2=\ddot{x}=-f(x,\dot{x})=0\end{cases}\tag{8-12}$$

则称该点为奇点或平衡点。式（8－12）表明，在奇点处，$x(t)$、$\dot{x}(t)$ 都没有发生变化的趋势，因此系统处于平衡状态。

如果一个奇点的附近没有其他的奇点，则称该点为孤立奇点；非孤立奇点常构成一条直线，称为奇线。

二、相轨迹和相平面图的性质

（一）相轨迹的斜率

根据式（8－8）可求得相轨迹斜率的表达式为

$$\frac{\mathrm{d}\dot{x}}{\mathrm{d}x}=\frac{\frac{\mathrm{d}\dot{x}}{\mathrm{d}t}}{\frac{\mathrm{d}x}{\mathrm{d}t}}=\frac{\ddot{x}}{\dot{x}}=-\frac{f(x,\dot{x})}{\dot{x}}\tag{8-13}$$

式（8－13）给出了相轨迹曲线在点（x，$\dot{x}$）处的斜率，它是相平面中的点的函数，称为斜率方程。

应该指出，式（8－13）是状态变量 $\dot{x}$ 与 x 的一阶微分方程，微分方程的解就是相轨迹曲线方程，相轨迹曲线方程表示为

$$\dot{x}=\varphi(x)\tag{8-14}$$

式（8－14）包含着初始条件。对于每一组初始条件，$\dot{x}=\varphi(x)$ 规定了一条相轨迹曲

线，该条相轨迹的起始点由相应的初始条件确定。

（二）相平面图中的奇点与普通点

在相平面图中，除奇点以外的其他点，叫作普通点。在普通点上，x、$\dot{x}$ 不同时为零，由式(8－13)可知，相轨迹在普通点上的斜率是唯一确定的，因此，通过该点的相轨迹只有一条，即普通点绝不是相轨迹的交叉点。显然，普通点也不是系统的平衡点。

在奇点处，由式(8－13)可见，该点处斜率为

$$\frac{\mathrm{d}\dot{x}}{\mathrm{d}x}=\frac{0}{0} \tag{8－15}$$

上式是不定的，说明可以有无穷多条相轨迹逼近或离开某个奇点，即相轨迹曲线可以交会于奇点。

此外，在相轨迹与 x 轴的交点处 $\dot{x}=0$，因此只要该交点不是奇点，相轨迹曲线便与 x 轴垂直相交。

（三）相轨迹上的点沿相轨迹的运动方向

如果把系统的运动看作一质点的运动，那么 x 就是质点的位移，$\dot{x}$ 是质点的运动速度。显然，当 $\dot{x}>0$ 时，即在相平面的上半平面，x 将逐渐减小，动点沿相轨迹向左运动。

（四）相平面的对称性

相平面图可以对称于 x 轴、$\dot{x}$ 轴或原点。了解相平面图的对称性有助于相轨迹的作图过程。

如果所有对称于 x 轴的点 $(x,\dot{x})$ 和 $(x,-\dot{x})$，相轨迹的斜率大小相等、符号相反，则相平面图对称于 x 轴。由式(8－15)可推导出相平面图对称于 x 轴的条件为

$$\frac{f(x,\dot{x})}{\dot{x}}=\frac{-f(x,\dot{x})}{-\dot{x}}$$

或

$$f(x,\dot{x})=f(x,-\dot{x}) \tag{8－16}$$

即 $f(x,\dot{x})$ 为 $\dot{x}$ 的偶函数。显然当 $f(x,\dot{x})$ 中不含 $\dot{x}$ 时，相平面图必定与 x 轴对称。

如果所有对称于 $\dot{x}$ 轴的点 $(x,\dot{x})$ 和 $(-x,\dot{x})$，相轨迹的斜率大小相等、符号相反，则

相平面图对称于 $\dot{x}$ 轴。相平面图对称于 $\dot{x}$ 轴的条件为

$$f(x,\dot{x})=f(-x,\dot{x}) \tag{8-17}$$

即 $f(x,\dot{x})$ 为 x 的奇函数。

如果所有对称于原点的点 $(x,\dot{x})$ 和 $(-x,-\dot{x})$，相轨迹的斜率大小相等，则相平面图对称于原点。相平面图对称于原点的条件为

$$f(x,\dot{x})=-f(-x,-\dot{x}) \tag{8-18}$$

三、相平面图中的极限环

在相平面图中，存在一种特殊的封闭相轨迹，被称为极限环。这里的“孤立”意指极限环两侧的相轨迹均非封闭，它们可能同时向极限环靠拢，或同时远离，抑或一侧靠拢而另一侧远离，如图 8－8 所示。

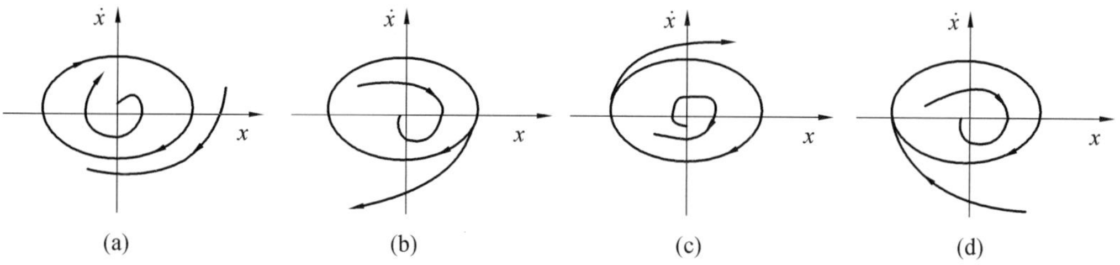

图 8－8　极限环的性质

根据极限环两侧相轨迹的特性，可以将极限环划分为以下三类：

（一）稳定极限环

当极限环两侧的相轨迹均趋向于该环时，称之为稳定极限环，如图 8－8(a) 所示。观察图形可知，极限环的内侧区域为系统的不稳定区域，而外侧邻近区域则为系统的稳定区域。对于包含此类极限环的控制系统，设计时应尽量减小极限环的尺寸，以满足系统的性能需求。

（二）不稳定极限环

若极限环两侧的邻近相轨迹均远离该环，则称其为不稳定极限环，如图 8－8(b) 所示。图中显示，此类极限环的内侧邻近区域为系统的稳定区域，而外侧区域则为不稳定区域。对于包含此类极限环的控制系统，设计时应尽量扩大极限环的尺寸，以扩展系统的稳定范围。

(三)半稳定极限环

当极限环附近两侧的相轨迹,一侧向极限环收敛,另一侧则远离极限环时,该极限环被称为半稳定极限环,如图8－8(c)、(d)所示。其中,图8－8(c)所示的系统是不稳定的,设计时应尽量避免;而图8－8(d)所示的系统虽然是稳定的,但由于极限环的存在,系统的过渡时间会延长。

稳定极限环可以通过实验观察到,而不稳定极限环和半稳定极限环则无法在实验中直接观测到。对于稳定和不稳定极限环,可以通过分析来判断其存在与否,但要精确确定其位置是相当困难的。极限环的准确位置,只有在绘制出精确的相平面图后才能得知。

控制系统可能存在一个或多个极限环,也可能完全没有。然而,只有非线性系统才有可能出现极限环。极限环是非线性系统特有的自激振荡在相平面图上的表现形式。

第三节 非线性系统的频域分析法——描述函数法

常用的非线性系统工程分析方法有相平面法和描述函数法。相平面法适用于一阶和二阶系统,通过将二阶方程转化为两个一阶方程,在相平面上求出轨线,进而全面判断系统时间响应特性。但对于高于二阶的系统,其应用难度增加。描述函数法为近似分析方法,将非线性特性近似为复变增益环节,利用线性系统稳定判据分析稳定性和自激振荡,适用于任何阶次且非线性程度较低的系统,应用广泛。

一、描述函数的基本概念

描述函数法是分析非线性系统的一种有力工具,其基本思想是:在系统满足一定假设的前提下,非线性环节在正弦信号作用下的输出可近似为其一次谐波分量,据此推导出非线性环节的等效频率特性,即描述函数。该方法主要用于探讨无外力作用时非线性系统的稳定性和自激振荡问题,且适用于任意阶次的系统,但其应用需遵循一定的条件。值得注意的是,描述函数法仅能提供系统频率响应特性的分析,无法直接给出系统时间响应的详细信息。

(一)描述函数的定义

设非线性环节的输入输出描述为 $y=f(x)$,当 $x(t)=X\sin\omega t$ 时,可对 $y(t)$ 进行谐波分析,一般情况下,$y(t)$ 为非正弦的周期信号,可以展开成傅里叶级数

$$y(t)=A_0+\sum_{n=1}^{\infty}(A_n\cos\omega t+B_n\sin\omega t)$$
$$=A_0+\sum_{n=1}^{\infty}Y_n\sin(n\omega t+\varphi_n) \tag{8-19}$$

式中，A_0 为直流分量；$Y_n\sin(n\omega t+\varphi_n)$ 为 $y(t)$ 的第 n 次谐波分量，且有

$$Y_n=\sqrt{A_n^2+B_n^2} \tag{8-20}$$

$$\varphi_n=\arctan\frac{A_n}{B_n} \tag{8-21}$$

$$A_n=\frac{1}{\pi}\int_0^{2\pi}y(t)\cos n\omega t\,\mathrm{d}\omega t \tag{8-22}$$

$$B_n=\frac{1}{\pi}\int_0^{2\pi}y(t)\sin n\omega t\,\mathrm{d}\omega t \tag{8-23}$$

$$A_0=\frac{1}{2\pi}\int_0^{2\pi}y(t)\,\mathrm{d}\omega t \tag{8-24}$$

若 $A_0=0$，且当 $n>1$ 时，Y_n 很小，则可近似认为非线性环节的正弦响应仅有一次谐波分量，即

$$y(t)\approx A_1\cos\omega t+B_1\sin\omega t=Y_1\sin(\omega t+\varphi_1) \tag{8-25}$$

式中，$Y_1=\sqrt{A_1^2+B_1^2}$；$\varphi_1=\arctan\dfrac{A_1}{B_1}$。

描述函数的定义为：在正弦输入信号作用下，非线性环节的稳态输出中一次谐波分量和输入信号的复数比，记为 $N(X)$，即

$$N(X)=\frac{Y_1}{X}\mathrm{e}^{\mathrm{j}\varphi_1}=\frac{B_1+\mathrm{j}A_1}{X} \tag{8-26}$$

式中，Y_1 为输出基波分量的振幅；φ_1 为输出基波分量与输入信号的相位差；X 为输入信号的振幅。

非线性环节的描述函数倒数的负值，即

$$-\frac{1}{N(X)}=\frac{1}{|N(X)|}\mathrm{e}^{\mathrm{j}\varphi_1} \tag{8-27}$$

负倒描述函数是非线性系统稳定性分析中的一个关键概念。从定义上来说，描述函数是基于一次谐波等效近似的原理，对非线性环节特性进行线性化处理（这一过程也被称为谐波线性化）。实质上，描述函数构成了非线性环节的一种数学模型，它不仅与输入正弦信号的频率有关，还依赖于输入信号的振幅，这恰好体现了非线性环节中的非线性特征。

（二）描述函数法的应用条件

描述函数法的应用条件主要有以下几个方面：

第一，非线性系统应简化成一个非线性环节和一个线性部分闭环连接的典型结构形式，如图 8－9 所示。

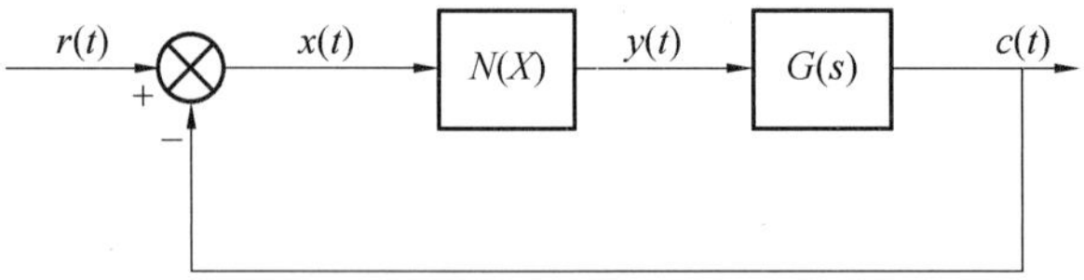

图 8－9　非线性系统典型结构形式

第二，非线性环节的输出 $y(t)$ 应是 x 的奇函数，即 $f(x)=-f(-x)$，或正弦输入下的输出 $y(t)$ 为 t 的奇对称函数，即 $y\left(t+\frac{\pi}{\omega}\right)=-y(t)$，以保证非线性环节的正弦响应不含有直流分量，即 $A_0=0$。

第三，系统线性部分应具备良好的低通滤波特性。非线性环节接收正弦信号时，输出含高次谐波，但经线性部分后会显著衰减，闭环通道中近似仅传递一次谐波，保证了描述函数分析结果的准确性。此条件对多数实际系统易满足，且线性部分阶次越高，滤波性能越佳。实现低通滤波需线性部分极点位于复平面左半区。

二、用描述函数法分析非线性系统

描述函数法为工程近似方法，主要用于探究系统稳定性信息，不受系统阶次限制，但无法提供时间响应细节。下面将阐述如何用其分析非线性系统稳定性，探讨自激振荡条件及确定振幅和频率。

（一）稳定性判据

设非线性系统的典型结构如图 8－9 所示。图中 $N(X)$ 表示非线性部分的描述函数，$G(s)$ 表示系统中的线性部分。假设系统满足描述函数法的应用条件，高次谐波已被充分衰减，则描述函数 $N(X)$ 可以作为一个实变量或复变量的放大系数来处理。于是可以得到图 8－9 所示系统的闭环频率特性为

$$G_B(j\omega)=\frac{N(X)G(j\omega)}{1+N(X)G(j\omega)} \tag{8-28}$$

闭环特征方程为

$$1+N(X)G(j\omega)=0 \tag{8-29}$$

上式可以改写成

$$N(X)G(\mathrm{j}\omega)=-1 \tag{8-30}$$

或

$$G(\mathrm{j}\omega)=-\frac{1}{N(X)} \tag{8-31}$$

对于线性系统，$N(X)=1$。因此，当线性系统是最小相位系统时，-1 点是判断稳定性的参考点，如果 $G(\mathrm{j}\omega)$ 曲线穿过$(-1,\mathrm{j}0)$ 点，表明系统处于临界稳定状态，产生持续的等幅振荡。假设线性部分是最小相位，但由于系统中存在非线性部分，因而判断非线性系统稳定性的参考点不再是 -1，而是一条参考线 $-1/N(X)$。与线性系统的稳定性判据相似，非线性系统的稳定性判据如下：

第一，当曲线 $-1/N(X)$ 没有被 $G(\mathrm{j}\omega)$ 包围时，系统是稳定的，在稳态时不会产生自激振荡，而且两者距离越远，系统的稳定裕度越大。不过对于非线性系统而言，X 值不同，$-1/N(X)$ 曲线上的点和 $G(\mathrm{j}\omega)$ 的相对位置也不同，存在着不同的裕度值。

第二，当 $G(\mathrm{j}\omega)$ 包围 $-1/N(X)$ 曲线时，表明系统具有实部为正的特征根，会出现增幅振荡，系统不稳定。

第三，当 $G(\mathrm{j}\omega)$ 和 $-1/N(X)$ 曲线相交时，在交点处可能会产生自激振荡。

实际系统中，通常采用相对描述函数和负倒相对描述函数。也就是将描述函数中的部分非线性参数分离出来乘到线性部分中去，所剩部分中非线性参数都是以相对值的形式出现的。下面举例说明。

带死区的继电器特性的描述函数为

$$N(X)=\frac{4M}{\pi X}\sqrt{1-\left(\frac{h}{X}\right)^2}\quad (X\geqslant h)$$

将其改写为

$$N(X)=K_0N_0(X)=\frac{M}{h}\,\frac{4h}{\pi X}\sqrt{1-\left(\frac{h}{X}\right)^2} \tag{8-32}$$

其中

$$K_0=\frac{M}{h},N_0(X)=\frac{4h}{\pi X}\sqrt{1-\left(\frac{h}{X}\right)^2} \tag{8-33}$$

$N_0(X)$ 即为相对描述函数，而 K_0 称为非线性特性的尺度系数。

相对负倒描述函数则为 $-1/N(X)$，本例中

$$-\frac{1}{N_0(X)}=-\frac{\pi X}{4h}\left(\sqrt{1-\left(\frac{h}{X}\right)^2}\right)^{-1}\quad (X\geqslant h)\tag{8-34}$$

引入相对描述函数及相对负倒描述函数后，其中变量 X/h 为相对值，变化范围是 $1\sim\infty$。而相对函数与 M 及 h 的数值无关，如此可使非线性特性的 $N_0(X)$ 及 $-1/N_0(X)$ 曲线标准化，不会因 M 及 h 值的不同而改变。

采用相对化之后，式(8－29)可改写为

$$K_0G(\mathrm{j}\omega)N_0(X)=-1\tag{8-35}$$

而式(8－30)则改写为

$$K_0G(\mathrm{j}\omega)=-\frac{1}{N_0(X)}\tag{8-36}$$

非线性系统的稳定性判别方法可用图 8－10 来表示。

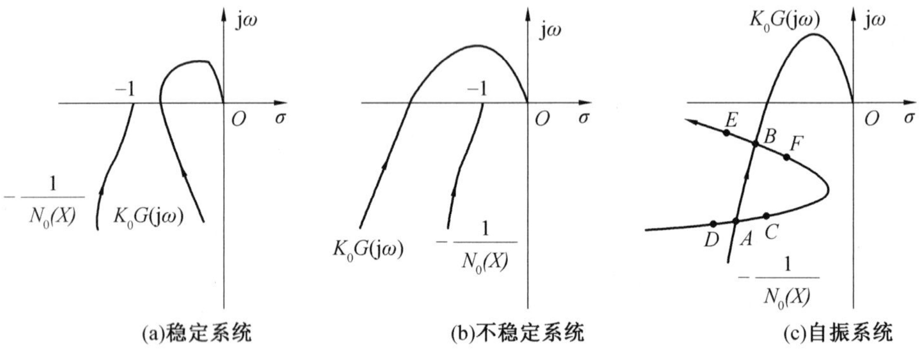

图 8－10　非线性系统稳定性分析

(二) 自激振荡

线性部分的频率特性 $K_0G(\mathrm{j}\omega)$ 与相对负倒描述函数 $-1/N_0(X)$ 相交，只表明系统有可能产生自激振荡(在相平面图中表现为极限环)，但是自激振荡是否存在，还要判断交点处的振幅是否具有收敛或发散的特性。如图 8－10(c)中，$K_0G(\mathrm{j}\omega)$ 与 $-1/N_0(X)$ 相交于 A、B 两点，交点 A、B 分别对应于两种频率、两种振幅的周期振荡。设 A、B 两点的频率分别为 ω_a、ω_b，振幅分别为 X_a、X_b。

首先分析交点 B 的周期振荡。假设由于某种因素，使非线性允许的输入信号振幅增大，导致周期振荡的振幅大于 X_b，工作点由 B 移到 E，它位于 $K_0G(\mathrm{j}\omega)$ 曲线之外，所示系统是稳定的。周期振荡的振幅将随时间的推移而衰减并恢复到 X_b，工作点重新返回到 B 点；反之，如果绕道使非线性元件输入信号的振幅减小，则使 B 点向 F 点转移，F 点被 $K_0G(\mathrm{j}\omega)$ 曲线包围，系统不稳定，周期振荡的振幅将发散，同样趋向于 B 点。由此可见，B

点具有收敛的特性,即 B 点对应的周期振荡是稳定的,形成了自激振荡,称为稳定的极限环。同理可以证明,A 点具有发散的特性,因而不可能存在与之对应的自激振荡,称为不稳定极限环。

一般来说,如果随着输入信号振幅 X 的增大,$-1/N_0(X)$ 曲线从不稳定区域穿过 $K_0G(j\omega)$ 曲线进入稳定区域,那么周期振荡就是稳定的;反之,周期振荡就是不稳定的。所谓稳定区域是指 G 平面上不被 $K_0G(j\omega)$ 曲线包围的区域,不稳定区域则是被 $K_0G(j\omega)$ 所包围的区域。

如果存在着稳定的自激振荡,其振荡频率 ω 和振幅可根据 $K_0G(j\omega)$ 与 $-1/N_0(X)$ 的交点确定,它们的数值与初始条件无关。周期振荡通常不是正弦波,但近似于正弦波。振荡频率与振幅的计算准确度一般可以满足工程计算要求,系统线性部分的阶次越高,低通滤波性能越好,准确度也越高。如果 $K_0G(j\omega)$ 与 $-1/N_0(X)$ 曲线几乎是垂直相交的,则准确度一般是较高的。

参考文献

[1] 章云. 工程控制原理[M]. 北京：机械工业出版社，2024.

[2] 蔡自兴. 智能控制导论 [M]. 4 版. 北京：中国水利水电出版社，2024.

[3] 龙志强，马宏绪，许云淞，等. 计算机控制系统[M]. 北京：机械工业出版社，2024.

[4] 仲志丹. 控制工程基础[M]. 北京：机械工业出版社，2024.

[5] 王晶晶，尹昶，王宁. 自动控制原理及其应用[M]. 成都：西南交通大学出版社，2023.

[6] 于亦凡，刘金辉，刘明，等. 自动控制技术[M]. 青岛：中国海洋大学出版社，2023.

[7] 张幸儿，戴新宇. 计算机编译原理及其应用[M]. 天津：天津大学出版社，2023.

[8] 王万良，王铮. 自动控制原理(非自动化类)[M]. 3 版. 北京：机械工业出版社，2023.

[9] 王家林. 智能控制基础与应用[M]. 武汉：华中科技大学出版社，2023.

[10] 胡国文，顾春雷，杨晓冬，等. 电气与 PLC 智能控制技术[M]. 北京：机械工业出版社，2023.

[11] 宁艳梅，史连，胡葵. 电气自动化控制技术研究[M]. 长春：吉林科学技术出版社，2022.

[12] 安剑奇. 过程控制原理[M]. 武汉：中国地质大学出版社，2023.

[13] 张屹，别锋锋. 控制工程基础及其应用[M]. 武汉：华中科技大学出版社，2023.

[14] 许翏，王淑英. 电气控制与 PLC 应用[M]. 4 版. 北京：机械工业出版社，2009.

[15] 张乐，匡程. 工业现场总线及应用技术[M]. 北京：机械工业出版社，2023.

[16] 樊卫华. 嵌入式控制系统原理及设计[M]. 北京：机械工业出版社，2020.

[17] 何炎祥. 编译原理[M]. 4 版. 武汉：华中科技大学出版社，2023.

[18] 吴新开. 电力电子技术及应用[M]. 北京：机械工业出版社，2023.

[19] 温希东. 自动控制原理及其应用[M]. 3 版. 西安：西安电子科技大学出版社，2022.

[20] 陈铭. 自动控制原理(经典控制)[M]. 武汉：华中科技大学出版社，2024.

[21] 夏晨. 自动控制原理与系统[M]. 3 版. 北京：北京理工大学出版社，2022.

[22] 章云.工程控制原理(经典部分)[M].北京：机械工业出版社,2022.

[23] 许强.电气控制与 PLC 应用[M].北京：北京理工大学出版社,2022.

[24] 郑玉珍.DSP 原理及应用[M].2 版.北京：机械工业出版社,2022.

[25] 王雪松,常俊林,杨春雨.自动控制原理[M].北京:机械工业出版社,2021.

[26] 吴秀华,邹秋滢,刘潭.自动控制原理[M].北京:北京理工大学出版社,2021.

[27] 周军,段朝霞.自动控制原理[M].北京：机械工业出版社,2021.

[28] 张卯瑞,解伟男,夏红伟,等.自动控制实践:从元件到系统[M].哈尔滨：哈尔滨工业大学出版社,2021.

[29] 宋合志.DSP 控制器原理与技术应用[M].北京:机械工业出版社,2021.

[30] 谌海云,何道清,杨秋菊.过程控制与自动化仪表[M].北京：机械工业出版社,2022.

[31] 王淑坤,蔡凡,何惜琴.传感器原理及应用[M].厦门:厦门大学出版社,2021.

[32] 汤泽容,喻奎达.单片机原理与应用[M].重庆:重庆大学出版社,2021.

[33] 吴春诚.电气控制与 PLC 应用[M]. 北京:北京理工大学出版社,2021.

[34] 陈银燕,赵冉冉,张慧.气动控制及应用教程[M].北京:机械工业出版社,2021.

[35] 李伟,韩治国,许锦.控制系统设计与应用综合实验教程[M].西安:西北工业大学出版社,2021.

[36] 李言俊,吕梅柏.自适应控制理论及应用[M].2 版.西安:西北工业大学出版社,2021.